栽培技術と販売テクニック

多品目少量栽培で成功できる!!

小さな農業の稼ぎ方

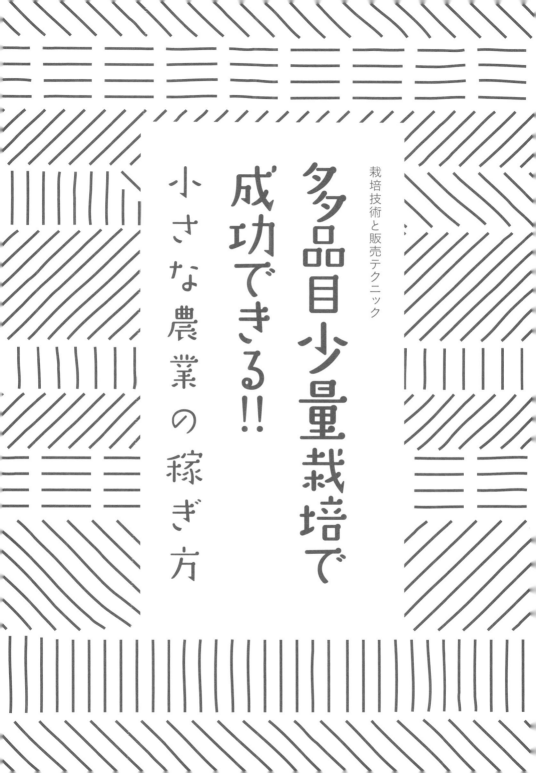

この本を読まれる方に

人が生きていくために一番大切なものが食ではないでしょうか。

日本では食べることにあまり不自由は感じないと思いますが、食料自給率は40%を大きく割り込んでいます。なぜ自給率が上がらないのか？　残念ながら、多くの方々が食に対して関心がなくなってきているからではないでしょうか。家庭内食が減り、中食、外食に依存すればするほど食料自給率も下がります。中食・外食あるいは調理材料は国内農産物だけで成り立たないほど競争の厳しい世界です。価格競争の中に国内の農産物は取り残された状態です。

人が不便を感じるものに対しそこに大きなビジネスチャンスがあり、それを突き詰めることで人類は発展してきました。しかし、高度経済成長期以降、1次産業と他産業との所得格差が広がり、それにつれ農業のような1次産業の衰退が加速しています。

大型スーパー隆盛の時代になると対面販売の八百屋は減少し、販売方法もセルフに移行しました。説明のいらない規格の揃った農産物が日本中で流通するようになり、どこに行っても同じ農産物が売られるようになりました。

なぜ1次産業が儲からないのか？　それはお金にするまでのプロセスが長いからです。そして利益配分が農家主導では決められないからでしょう。農産物価格は需要と供給のバランスによって変わります。物が多ければ安い、少なければ高い、それだけです。みんなが同じ農産物を作っていたのでは、常に競争状態です。

私は生まれも農家、仕事も農業を中心に活動をしています。昔から家業の農業を見ながら何が問題なのか、解決策はないのか。そんなことを考えながら生きてきました。大規模農業にも憧れ、様々な場所で農業をしてきました。しかし、単一の農産物を作る中で常に面白さを感じない自分がそこにいました。

農業には販路が不可欠です。販路として原料供給であれば大量出荷もできますが契約価格は安く、それ以外の販路はほぼ市場が中心で値段は相手にお任せ状態です。規格選別を厳しくすれば、それだけ出荷できないものも多く出てきます。しかし、一般生活者の中にキュウリの長さやトマトの形にこだわりを持つ人はどのくらいいるでしょうか。

こんな疑問を考えるようになったのは、農業をしながら野菜ソムリエの講師を長らく務めたからではないかと思います。今までは農業者や流通関係者だけが必要とされる知識かと思っていましたが、異業種や一般生活者、特に女性が野菜ソムリエを受講されています。この人たちは、今の農業や食に対し強い関心や疑問を持っているのです。

農業者自身が、旬の野菜は栽培しやすく、おいしいということを直接生活者に届けることができれば、新しい農業に繋がるのではないでしょうか。農業は栽培するだけでは成り立ちません。作るところから消費者の口に入れ、健康や食文化まで作り上げることが必要です。

この本では、なぜ「多品目少量栽培」なのか、その理由、栽培方法、そして販路開拓などを詳しく書いています。新規就農者、小規模農家がより早く農業所得を上げられる方法や農産物を無駄にしないための加工方法なども取り上げています。私が取り組んできた農業スタイルがご参考になれば幸いです。

中村敏樹

この本を読まれる方に……2

1章　多品目栽培の魅力……7
なぜ今、多品目少量栽培なのか……8　農業と食の変化……10
「もったいない」の発想……12　なぜ「多品目」なのか理由をしっかり考える……13
多品目少量栽培のメリット……15　成功のための4つのルール……17
「B to B」Business to Business と「B to C」Business to Consumer……20

2章　コスモファームの取り組み……23
コスモファームの始まり前夜……24　コンサルタントからプロデューサーへ……26
高松で多品目少量栽培を開始……28　コスモファーム・プロフィール……32
売り上げに必要な3つのポイント……34　もったいない＋魅せる野菜……37
ふた手間は失格、ひと手間もかけさせない……39　マルシェの重要性……40
きっかけは高級セレクトショップ……42

3章　成功する多品目栽培の基本……45
自分の環境を知ろう……46　圃場の条件を確認する……47　良い土壌とは？……49
最近の異常気象について……50　多品目少量栽培の管理について……51
多品目多品種のバランスを崩さない……52　旬を守る……52　長く収穫できる品種を選ぶ……53
売り先に合わせた商品作り……53　無駄な選別はしないが、出荷には手間をかける……54
種子と苗の選び方……54　品種の選び方……56　たくさんの品種を栽培する……57
伝統野菜・地方野菜について……58　種子について……58　多品目少量栽培に向かないもの……60

根菜類はストックが利く……60　一度に作りすぎない……61　新顔野菜の取り入れ方……61
加工品を見据えた品種……62　自分が作る野菜について知っておく……63
多品目少量栽培の作付イメージ……64

4章 栽培の基本……69

多品目栽培12ヵ月……70　コスモファームの作付……76　栽培・品種のヒント……80

5章 多品目で取り組む6次化産業……101

なぜ6次化に取り組むのか……102　単品の加工品と多品目の加工品……102
売り先を考えた商品開発……104　マーケットインの法則……105　小さいにこだわる……106
目新しさで惹きつける……106　あらかじめ手間を惜しまない……107　加工所は必要か……108
タダで加工所を手に入れる方法……110　食品の製造・販売に必要な手続き……110
デザインのこだわり……112　安心安全のためにするべきこと……114　食品表示について……116
野菜の知識とは？……118　プレゼン力を身につける……118　料理研究家とコラボ……119

6章 自分で売る・販路の確保……135

売り先を妥協しない……136　販路にも「差別化」が必要……137　5W2Hを意識する……139
販路の確保　コスモファームの場合……141　売り先をどう選ぶか……143　農業とインターネット……146
SNSをフル活用……148　SNSで友人や知人に情報を拡散(共有)……148　直売所、道の駅で販売……149
直売所のメリット・デメリット……152　マルシェに参加しよう……156　マルシェのメリットとデメリット……158
マルシェに参加するには？……161　公共交通機関を利用しての参加も可能……162
マルシェの1日@青山ファーマーズマーケット……163

7章　これからの農業……167
農業について考える……168　未来に向けてどう発信すればいいのか……170
地方で農業を続けるということ……171　アグリツーリズムと地方再生……172　徳島プロジェクト……173
出会いのチャンスを見逃さない……175　自分の栽培した作物を客観的に判断できる……176
人のものを認めて取り入れる……177　異業種間交流ができる……177
デザイナー、フードコーディネーター的センス……178　自分ブランドを持て……179
コスモファーム取り扱い野菜・果物　種類・品種リスト……180
あとがき……189

コスモファームの加工品……115
多品目栽培だからできる品種の食べ比べ……121
多品目栽培　アイデアレシピ集……122
もっちりニョッキ（ジャガイモ、カボチャ、サトイモ、サツマイモ）……123　ズッキーニのマッシュポテトグリル……124
フェンネルとレモンのイワシグリル……125　ジェノベーゼ……125　カラフルジャガイモのビシソワーズ……126
スコップコロッケ……127　ピーマン・パプリカの3色マッサ……127　ズッキーニのペペロンチーノ風……128
カラフルジャガイモのハッセルバックポテト……128　ダイコンとシラスのオイルマリネ……129
切り干しダイコンのカレー炒め……129　パプリカのフラン……130　カラフルダイコン餅……130
プンタレッラとアンチョビのサラダ……131　サトイモ（サツマイモ）アイス……131
6次化であると便利な機材……132
6次化事例　おおむら夢ファームシュシュ……154

多品目
少量栽培で成功できる!!

1章

多品目栽培の魅力

なぜ今、多品目少量栽培なのか

私が主催する有限会社コスモファームでは、多品目少量栽培を始めて今年で7年になります。

農場のある香川県は、災害も少なく気候も温暖ですが、47都道府県で最も面積が狭く、広大な敷地で農業を展開するのは難しい土地柄。実際コスモファームも、8～9aの圃場が9ヵ所に点在するという、条件の良くない環境で作業をしています。

この狭い圃場で農業を本格的にスタートすると決めたとき、私と（実作業に携わる）息子は迷わず「多品目少量栽培」を選択しました。小さい農業で単品大量生産に手を出したとしても、一通りの設備投資が必要なうえに、それに見合うだけの収入が得られないとわかっていたからです。

多品目少量栽培なら、たとえば農業を始めたその日に「ラディッシュ」を播けば、17日後には出荷することができます。初めの一歩ですね。これこそが「多品目少量栽培」の底力なのです。

最初から何十品目、何十品種の栽培を始める必要はありません。必要ないというより、できないのが当たり前です。まずは「できる範囲」で年間の作付け計画を立てるところから始めましょう。

未経験者の息子は、1年目から100品種を扱いましたが、これはかなり多い例。1年目なら家庭菜園の延長から始めるくらいのつもりで十分です。

農業を始めたい人。現在の農業スタイルに行き詰まりを感じている人。親世代からの引継ぎを考えている人。極力借金を作りたくない人。「多品目少量栽培」に興味はあるけれど、どこから始めてよいのかわからない人。そんな皆さんに、まずは多品目少量栽培とはどんなものかというところからご紹介していきましょう。

高松の圃場。

収穫物は品目も品種も様々。

農業と食の変化

昭和40年代後半、都市部を中心に大型量販店（スーパーマーケット）が出現し、日本の農業は大きく変わりました。一年中形の揃ったトマトやキュウリが、地域を問わず店頭に並ぶようになりました。今では当たり前の光景ですが、当時は誰もが真冬のキュウリ、真夏のダイコンに違和感を覚えました。

このような販売スタイルができ上がると、農家に求められる最優先事項は「安定供給」になります。年間を通して市場に供給できること。規格が揃っていること。ロットがまとまっていること。味よりもまず見た目重視というわけです。

また八百屋さんのような対面販売であれば、野菜の調理法や保存方法などを気軽に聞くことができますが、商品が陳列されたセルフの大型店では、使い方のわからない野菜は誰も選びません。そこでダイコンなら青首ダイコン、カボチャならエビスカボチャ。誰でも知っていて、クセがなく使いやすいことが優先されるようになります。その結果、農業の主流は「単品大量生産」へと移行していったのです。

しかし、この流れは、「農業は儲からない」という新常識の始まりでもありました。

市場では、占有率をいかに高めるかの熾烈な産地間競争が起きます。産地間競争の激化と単品大量の供給過剰にともなって、キャベツ1箱が１００円、レタスが1箱２００円……そんなことも珍しくなくなったのです。

農家にとってこの値段は、種子代、肥料代、運賃、人件費、機械の減価償却まで加えると成り立たないどころか、作れば作るほど赤字になる。小規模農家が単品栽培で生計を立てるのがどれだけ大変なことかを象徴しています。私も多くの農家さんとかかわってきた経験から実際にこのようなことが頻繁に起こっていることを認識しています。

単品大量の大規模産地であれば指定産地として共済金も受けられますが、経営面積が狭く産地として力のないところでは、保険に入ることもできません。これでは専業農家で経営を成り立たせていくことは難しいでしょう。

その結果、大手量販店の出現を境に、親世代は農業、子世代は外に働きに出るという兼業農家が急増しました。

農産物生産のあるべき姿と現状

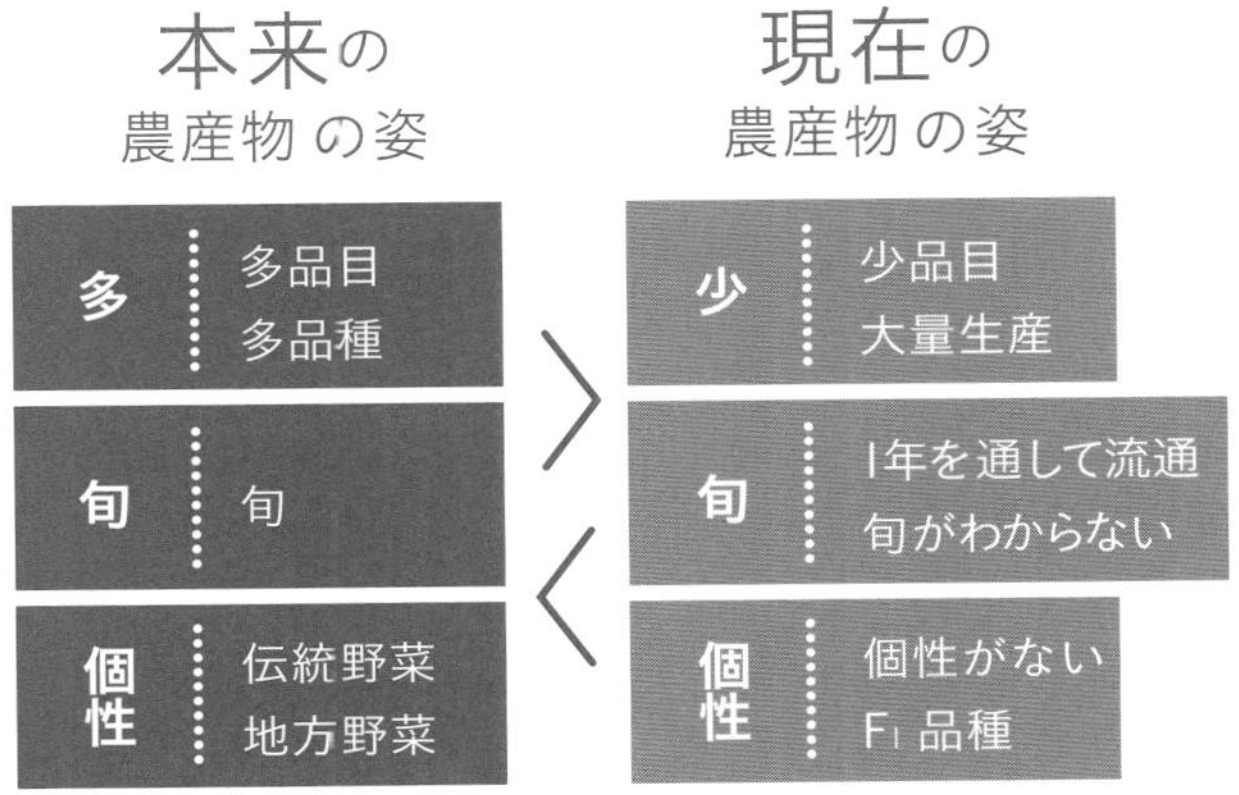

「もったいない」の発想

実は私も30代前半の時期、小売業者に農産物を納めていた経験があります。しかし、農業は自然相手の産業でありながら、出荷量が少なければ供給責任を問われ、多ければ出荷調整を要求されて常にリスクがつきまといました。

市場ニーズや生産性のための形が均一で生育が揃う品種改良が繰り返され、地域独自の伝統野菜が姿を消しつつあるのも問題です。ホウレンソウやコマツナなど、本来は冬にうまみを増す野菜も、病気や暑さに強い西洋ホウレンソウとの交配種が主流になり、味は二の次。野菜を作っているのにおいしい野菜を消費者に届けられないのはどういうことだろう。さらに、規格にそぐわない野菜が廃棄処分される現実も、「もったいない」以外の何ものでもありません。

私がやりたい農業とはどんなものなのか。そう考えたときにまずクリアしたいと思ったのが次の3点です。

- 野菜の価格や売り先は自分で決める
- 伝統野菜や旬の野菜の味を大切にする
- 食べられる野菜を廃棄しない

私なりの多品目少量栽培のイメージができ上がっていきました。曲がったキュウリや、小さなジャガイモなど食べられるのに規格が合わずに出荷できないものをきちんと活かせる農業。限られた畑を最大限に活用して、最小限の機材と設備で収入を得られる農業。「多品目少量栽培」なら、これらの条件をクリアできると確信したのです。

なぜ「多品目」なのか理由をしっかり考える

そんな私から、先に皆さんにお伝えしたいのは、何となく面白そうだからという理由だけで多品目少量栽培を始めても、思うようにはいかないだろうということです。

多品目栽培には単品栽培にはないメリットや可能性がたくさんありますが、同時にデメリットもあります。年間を通して畑が稼働しているため、休みも思うように取れません。1年365日「休みはない」と覚悟してください。

市場出荷なら販路確保の必要はありません。市場休もあるので、農業を休むこともできます。しかし、市場を相手にしない売り先を作ろうとするならば、相手の業態を理解しなければいけません。レストランや百貨店、ホテル……それぞれの業態への対応が必要になり、家族の協力や理解が不可欠になるでしょう。

実はこの、農作業の大変さと、販路確保の難しさが、多品目少量栽培の永遠のテーマなのです。

農作業の大変さは、最終的に手伝いの人を入れるなど解決方法がありますが、販路の確保は絶対必要条件です。むしろここが整わない限り、どんなに野菜作りを頑張ったとしても、それに見合う収入を得ることはできません。すべては販路の確保にかかっているといってもよいでしょう。

販路については別の章でも詳しくお話しますので、今は心に留めておいてください。

もともとメリットとデメリットが裏表セットなのは、どんな職業、どんなやり方でも同じこと。もちろん私は、それ以上に多品目に魅力を感じているからこそ実践しています。多品目でやってみたい理由がしっかりとあることが大事かもしれません。

農地が限られている。平坦地でない。小規模である。価格や販路を自分で開拓したい。新しい野菜を扱ってみたい。調理、加工品（6次化）に興味があるなど、どれか1つでもしっかりとした目的があれば、決して難しいことはありません。

ニーズの特性

生産者 （作物）	病害虫に強く、栽培が容易。収穫量が多い。	＋	機械化や取り扱いが容易。価格が高い。
流通業者 （商品）	規格化しやすい。外観、商品性が高い。	＋	輸送性、保存性、収益性が高い。
加工業者 （原材料）	品質が揃っている。加工特性が高い。	＋	継続的に大量の供給が可能。価格が安い。
消費者 （食品）	鮮度、食味、栄養価、価格が安い、安全性。		

多品目少量栽培のメリット

ここで改めて多品目少量栽培のメリットを挙げてみましょう。

・新しい品目・品種に挑戦できる
・小規模農家でも可能
・価格を自由に決められる
・競争が少ない

現在コスモファームでは年間15品目250品種程度の野菜を栽培しています。ダイコン、ナス、レタスなどすべての品目で5〜20品種を扱っているわけですが、青首ダイコンや千両ナスなど市場に出回るものは作りません。差別化ができないから、そこに重点を置かない。その代わり、他にない野菜がコスモファームになら揃っている。珍しい野菜を使った加工品も扱っている（6次化）。というところで、差別化を図り、独自の販路を獲得しています。

多品目少量栽培を手がけるということは、規格外のものを扱うということ。JAや市場への流通は、ほぼ不可能です。これはデメリットでもありますが、裏を返せばメリットにもなります。

「差別化」と「販路の確保」。この2点が、多品目少量栽培を支える両輪だと考えていただければわかりやすいかもしれません。

栽培については、野菜の勉強をきちんとすればそれほど大きな失敗はありません。単品大量なら総崩れのところも、多品目なら2～3品種ダメだったとしても大きな損失にはならないでしょう。けれど販路の確保だけは確実にしておかなければ多品目少量栽培自体が成り立ちません。

現在コスモファームでは、都内を中心としたレストラン750軒（登録数）、百貨店、高級スーパー・セレクトショップ、ホテルと契約。青山で開催されるマルシェ「Farmer's Market」（土日開催）にも月4回ほど出店し、野菜、ピクルスなどを販売しています。

さらに数は少ないのですが、野菜セットの通販（1日当たり約5件）、不定期でデパートの催事や他のマルシェへの出店も行っています。

カラフルな葉物野菜をかき菜で収穫し数枚ずつまとめた「レタスブーケ」は百貨店を皮切りに人気商品として出荷が定着。年間1万5000～2万本出荷しているピクルスも、コスモファームの大きな収入源になっています。販路の確保に関しては、大変に安定した状態になっており、そのおかげで私も、全国を飛び回ってコンサルティングやアドバイザーの仕事をこなすことができています。

現在の出荷体制では、ピクルスの製造も限界に近い状態。収入源としては大きな位置を占めていますが、コスモファームはあくまでも農業が主体の会社です。初めに加工品ありきになってしまったら、原料仕入が発生し、「もったいない」の原点から逸脱してしまいます。あくまでも無駄を出さないための手段としての加工品。それがうまく売れ筋路線に乗ったのだというスタンスを変えるつもりはありません。

成功のための4つのルール

さらに、多品目少量栽培で成功するために、私は4つのルールを掲げています。

1つめのルールは「旬のものを作ること」。

旬の野菜や果物は育てやすく、栄養価が高く、そしておいしい時期になります。また農薬についても、旬を守れば最低限の使用で栽培することができます。

私が大学入学で香川に来てまず驚いたことが、ミカンやオリーブが実をつけた街路樹でした。寒い長野で生まれ育った私には新鮮でした。

この温暖な気候を利用しない手はありません。冬に作れば関東から北の生産地とバッティングすることもなく、収穫物を保管するための冷蔵庫も最低限でいい。生育もゆっくりで味も良くなると、まさに一石二鳥です。冬場のレタス栽培は、コスモファームのマストアイテムになっています。

市場流通では、高値を取るための1つの方法として、農産物の端境期を狙う方法があります。２０１７年のハウスミカンの初取引ではご祝儀相場として1ケース２５０万円の高値が話題になりました。しかし、立派なハウスや暖房などの設備投資を考えれば、多少高く売れるからといって農家に大きなメリットはありません。ましてや消費者にとって何のメリットがあるでしょうか。

それでも通常の農業では、それが当たり前。消費者のことを考えるのではなく、市場流通をいかにスムーズにし高値を取るかが課題になっています。生産に対してのストレスや設備投資のストレス……現代の農業の課題ではないでしょうか。

それに引き替え多品目少量栽培なら、旬の野菜を順次追っていけばいいわけです。

２つめのルールは「作付けのバランス」です。綿密な作付け計画を立てて、いざ始めた多品

農業規模と生産スタイル・販路

生産規模	生産スタイル	流通・出荷先	価格
専業農家	単品大量生産	JA 市場	需要・供給 不安定
専業農家 生産法人	単品大量 複数品目生産	市場 契約先	需要・供給 不安定 契約価格
兼業農家	少品目少量生産 （小規模）	JA 直売	自由価格 不安定
専業農家	多品目少量生産	ホテル レストラン マルシェ	自由価格

目少量栽培。ところが、最初の年に作ったズッキーニがたまたま時代の波に乗り、予想外の大人気。こうなったときに、翌年は全体の3分の1をズッキーニの栽培に充てよう、と考えがちですが、それでは多品目栽培とは言えません。

そして私がこのやり方をお勧めすることもありません。

もしかしたら、ズッキーニの人気がもう1年続くかもしれませんが、その翌年もあたるとは限らない。そこに重点を置くのはとても危険なのです。

「品種が多くて、何が当たったのかわからない」。そのくらい多品目のスタイルを崩さないのが理想だと思います。

多品目少量のメリットを十分に活用して、失敗のリスクも小さく抑える。このルールをぜひ守っていただきたいと思います。

3つめのルールは先ほども触れたように、加工を最優先にしないこと。

6次産業化の基本は「生産（1次産業）×加工（2次産業）×流通・販売（3次産業）」です。加工品を作るために野菜を生産するのであればまだしも、加工品を作るためにどこかから野菜を生入れたりするようになったら、これはもう6次化どころか、農業ではありません。多品目少量栽培だからこそ出てくる、捨てるのにはもったいない少量の野菜。その無駄を出さないための手段として加工品をとらえてください。

最後に4つめのルール。自分が作る野菜について勉強しましょう。

栽培方法だけ学べばいいのではありません。その野菜の味を自分で味わって表現できること。どんな料理法があるのか、保存の方法は？　といった「八百屋さん的アドバイス」がきちんとできる必要があります。

特にレストランやバイヤーとの交渉では、自分が作る野菜についてプレゼンテーションできなければ話になりません。

同時に、世間ではどんな野菜に注目が集まっているのか。ときには都心のレストランやマルシェに足を運んでリサーチしましょう。目標は、流行に乗るのではなく、これから流行りそうなものを見つけ出すこと。少しハードルが高いかもしれませんが、このくらいの心構えでチェックしてください。

「B to B」Business to Businessと「B to C」Business to Consumer

ここでもうひとつ、「B to B」Business to Business（企業・法人相手）と、「B to C」Business to Consumer（一般消費者相手）の考え方について触れておきましょう。

最近巷でもよく聞かれるこの言葉。6次産業化による加工品の製造をここに当てはめて考えるとどうなるのでしょう。

たとえば単品大量生産のイチゴ農家が、大手量販店や食品卸会社に、自社で加工した手作りイチゴジャムを売り込んだとしましょう。これは「ＢtoＢ」の関係になります。契約が成立して農家の希望する価格が反映されれば、６次化としては大成功。まとまった収益も期待できるでしょう。

しかし実際には、そううまい話はありません。売価に対して半値八掛けのような要求をされることも多く、ひどい場合は生産原価を下回ってしまうこともあります。それでも、在庫商品が余ってしまうよりは、売るほうがマシ。しかしこれでは６次化として成立しませんし、本末転倒です。

企業間の「ＢtoＢ」は、対等の関係を結べると高く評価されていますが、私は農業に関して、とくに多品目栽培に特化すれば、「ＢtoＣ」の関係をお勧めします。

同じものを作ることにこだわるのではなく、むしろ逆転の発想で、１つひとつ違う商品を作って、それを売りにする発想です。

コスモファームのピクルスも、試行錯誤して改良を重ね、失敗もたくさん経験して今の形になりました。定番商品ができて、ある程度まとまった本数を製造できるようになったのはつい最近のことです。

それまでは、私みずから夜なべをして、手作業で作っていましたから、とても「ＢtoＢ」の関係が成り立つような状況ではありませんでした。

販路の開拓につながったのは、マルシェなどの対面販売を通じて、地道に「B to C」の関係を積み重ねてきた結果です。

スペックの揃うものなら「B to B」を目指すこともよいと思いますが、こだわりの商品や小さな売り場で輝くような商品なら、「B to C」的な売り方が合っているのではないでしょうか。

多品目少量栽培についていろいろとお話してきましたが、最大の魅力は、「取り組み方次第で、大きく稼ぐことができる」ということでしょう。

農業は儲からなくて当たり前という思い込みに縛られて、「好きでやっているのだから儲からなくても仕方がない」、「農地があるからしかたなくやっている」とあきらめるのはおかしな話です。

親指大のジャガイモや、曲がったキュウリ、とう立ちしたダイコンにブロッコリーの脇芽、小さくて酸っぱいリンゴ。規格外で本来なら捨てられる野菜たちも、私にとっては宝の山。

まずはこれが宝の山に見える感性を磨いていきましょう。

多品目
少量栽培で成功できる!!

2章

コスモファームの取り組み

コスモファームの始まり前夜

私にとって農業は、生まれてから現在までの年数です。実家は長野県上田市の専業農家。４人兄弟の次男です。現在は兄が家業を継いでいます。私自身も幼い頃から農作業の手伝いをしてきましたが、高校時代から現代農業の矛盾を感じていました。この経験や考え方は、今でも仕事に結びついているところがあります。

高校時代、たまたまピンチヒッターで引き受けた生徒会長でしたが、雑務も含め、交渉や、意見をまとめる作業、それを言葉や文書にするといった一連の作業が、私にはとても刺激的でした。その結果、学業以上に夢中になってのめり込み、最終的には長野県内の各学校の生徒会をまとめる組織の代表になりました。コミュニケーション能力や、プレゼンテーション力、アイデアを具体化する方法、人間の調整能力など、このときに身についたことが多かったと思います。

そんな私ですが、進学を考えたときに選んだのはやはり農業でした。長野の高校を卒業後、国立香川大学農学部園芸学科に入学します。

大学卒業後は長野に戻らず、農産物の流通を手がける会社に就職。その後、地元農協連合会（現在のＪＡ香川）の青果販売農業協同組合で、県内の生産者に花の栽培指導を行っていました。

この時期、同じ大学に通っていた妻と結婚。妻の実家がある香川県高松市に根を下ろしての生活が本格的にスタートしました。

本書の冒頭でもお話したように、香川県は47都道府県で最も敷地面積が狭く、しかも地方としては都市化が進んでいるという特徴があります。車で走るとよくわかりますが、中心部から郊外に向かって住宅地が続きます。同じ四国でも、中心部から外れると住宅地が少なくなり、中山間地が広がる高知県とはまったく条件が異なる土地柄です。

香川県は耕作面積も狭く、昔から「五反百姓」などといわれ、専業には向かないとされてきました。都市化が進んでいるため、農業は勤めながら土日にするもの、定年過ぎの親世代が担い、子供世代は勤めに出るという兼業農家が多いのも香川の特徴です。

そのため、出荷はすべてJAを通じ、すべて市場流通。産地間競争に勝つためには、こんな狭い農地でも市場しか売り場がないため、単品大量生産に力を入れていくしかありません。仕方のないことだとはいえ（しかも私自身は、農協に勤めていたわけですが）、ここで農業をやっていく以上、大きく夢はもてない。私にはそんな限界が早いうちから垣間見えていました。

農協を辞めようと決断したきっかけは、農協が打ち出したキャッチフレーズ「定年過ぎたら農業がいちばん！」を聞いたときでした。「農業は儲からないから、老後の生活の足しだと思って楽しくやりましょう」。そう言われているようで、自分の仕事に対する意欲が失せてしまったのです。

コンサルタントからプロデューサーへ

農協を辞め、自分で農産物流会社を立ち上げました。香川だけでなく、他県の生産者の個人指導もしながら、農産物を大手生協やスーパーに卸す仕事。同時に香川大学に研究生として戻り、フルーツトマトの栽培研究にも取り組みました。

私にとっては、ここが「コスモファーム」のスタートだと思っています。

当時から私が考えていたのは「農産物の差別化」でした。

トマトといえば大玉だった35年前、まだ市場に出回っていなかったフルーツトマトを選んだのも、「差別化」を明確にしたいという思いからです。イスラエルの農業技術をアレンジして、甘さを強調したフルーツトマトの栽培方法を生産者に指導しました。

ありがたいことに、このフルーツトマトに対する反響は想像以上で、とくにレストランのオーナーシェフや食品メーカーなどから高く評価していただきました。大手食品メーカーの幹部から、「ぜひうちで農業事業を起こしてほしい」と好条件を提示されることもありました。

レストランのシェフや、食品メーカーのバイヤーなど、さまざまな異業種の方たちとの交流が深まる一方で、生産指導をしてきた農家との関係は、思うように構築できませんでした。

もともと日本の農家には、「農業技術に対して対価を払う」という発想がありません。「指導は受けたけれど、野菜を作ったのは自分たちだ」という昔ながらの考え方から切替えることができないのです。

また、「おいしいものができたら高く売るのが当たり前」。先を見据えた経営計画など考えも及びませんから、「価格を抑えて、次につなげる」という私のアドバイスにも耳を傾けてもらえませんでした。これをきっかけに、私は仕事を生産指導から、農業のコンサルティング事業へとシフトします。

コンサルタントとしてある企業の依頼を受け、中国各地でオオバやシイタケの技術指導に奔走していたときのことです。事業は日本のオオバ市場で拡大し、順調な流れ。この先どう拡大していくかと考えていた矢先、中国産農産物の安全性が指摘されるようになります。

マスコミの力も強く、「中国産野菜は危ない」というイメージが定着。私たちとは関係のない野菜から残留農薬が検出されても、中国産野菜ということですべて店頭から消えることになります。スーパーなどから生産依頼を受け、何年もかけて準備をしてきた野菜が、出荷直前に「売ることができません」と契約を切られる事態が何度も繰り返されました。

その結果、企業自体に体力がなくなり、生産を国内に切り替えて再開しようにも、人手の確保や人件費の高騰などに対応できないという状況に追い込まれます。農業を主軸とする企業の生産方法や流通の限界を感じるできごととなりました。

もっとも、それでもくじけず次に向かうのが、自分でいうのもなんですが私の良いところです。農業における生産から流通までを経験した実績から、講師の依頼が舞い込むようになります。野菜ソムリエの講師をはじめとして、地域や企業、大学からの依頼による講演、講義が急増。年間220回に達する年もありました。講演活動は、現在も継続しています。

高松で多品目少量栽培を開始

こうして振り返ると、私も農業にかかわりながら多くの失敗を経験していることがおわかりいただけるでしょう。

しかし、その失敗が貴重な経験となっています。農業（生産）から流通、そして食や健康までトータルに精通する人は、そう多くありません。転んでもただでは起きない精神で前に進めば、いいこともあるのではないでしょうか。

さてここからは、現在のコスモファームについて紹介していきましょう。

私が息子とともに香川県高松市で農業を始めたのは2010年です。

それ以前にも、福島県、神奈川県、千葉県で農地を借りていた経験があります。最初に多品目栽培にチャレンジしたのは、この千葉の畑でした。といっても収入を得ることが目的ではなく、当時コンサルタントをしていた農産物生産輸入会社から、千葉にある耕作放棄地を借りてほしいと頼まれたのです。多品目栽培に興味のあった私は、実験のチャンスかもしれないと、3haの土地を借り受けました。

労働力は私を含め、仕事仲間や野菜ソムリエやレストランのシェフなど。休みを利用し、勉強会を兼ねて楽しみながら作業をする。収穫した野菜を週末にマルシェで売る。というスタイルです。

テーマは、新顔野菜のチャレンジとクズ扱いされる野菜をどうしたらマルシェで売ることができるか。売るだけでなく、お客さんの目に留まって、喜んで買っていただけるのかということ。当時、畑の近くに家を借りて寝泊まりしていた私は、長い夜にそんなことを考えてばかりいました。

この経験から生まれたのが、コスモファームの人気商品となったピクルスです。これについてはまたあとでご紹介しましょう。

千葉の畑は楽しみと勉強のための実験農場でしたが、私にとっては貴重な存在となりました。

そんなさなかの2010年、大阪のデザイン事務所で建築の仕事をしていた長男の裕太郎が、高松で「農業をやる」と宣言したのです。

何度もお話しているように、香川の狭い土地で農業をやるなら「多品目少量栽培」しかない。そう思っていた私に息子も異存はなく、今度こそ仕事としての多品目栽培が始まりました。

高松の家の周辺は、住宅地域に農地が点在している地域。ですが、妻の実家は農家ではないため、土地は借りる形でスタートしました。その結果、冒頭に書いたように、8〜9aの圃場が自宅周辺に9ヵ所点在する形になったのです。

多品目少量栽培でやっていく以上、JAや市場への流通は不可能です。多品目栽培では、大きさや形が不揃いの野菜をうまく利用することが求められますが、市場流通では規格が揃っているものしか受け入れてもらえないからです。

でも、これこそ私の望むところ。

市場を通さなければ価格を自分で決めることができますし、旬の野菜を生産できます。珍しい野菜、伝統野菜を生産することも可能です。「未知数」という意味では、無限の可能性がそこにあるわけで、まさに私のやりたかった農業を始められることになったのです。

相変わらず講演や講義で全国を飛び回っている私なので、息子の裕太郎が実作業に専念してくれるのはありがたいことでした。しかし1年365日、休むことなく畑に出るのは、かなりの重労働です。まさに試行錯誤の作業開始となりました。

それでも、私が常日頃、「最初は家庭菜園レベルから」とアドバイスをしているなかで、1年目から100品種の野菜に挑戦した息子はなかなか優秀です。栽培技術は、基本的に独学と私からのアドバイスだけで、修業経験もありません。

「多品目少量栽培の難しさは、完成形がないことですね。新しい野菜を扱うときは、とりあえず自分が食べてみて、おいしいと思ったら植える、というかたちです。父は料理が得意ですが、私は料理をしないので、少しずつ覚えなければいけないと思っています」とは息子の弁。

実は野菜ソムリエの資格を持っている息子。ぜひ料理も覚えてほしいものです。

一方、息子にとって多品目栽培の作付け計画と、建築の仕事にはどこか共通する部分もあったようです。ひとことで言えば「デザインセンス」でしょうか。

たとえば、今年息子が畝立てをした道路脇の圃場は、扇型。圃場全体が一枚の葉で、畝だ葉脈のようにも見えます。ここに、ケール、黒キャベツ、スイスチャード、茎ブロッコリー、コールラビ、フェンネル、レッドポアロを植えました。収穫時期にはカラフルなデザイン画のような圃場が完成するという仕掛けです。道路沿いなので、道を行く人が「何だろう？」と足を止めてくれたら面白いし、何かのきっかけになるかと思ったそうです。

コスモファームの看板商品であるピクルスのデザインや、そこに貼られたロゴシールも息子のデザイン。縦長のスタイリッシュな容器はマルシェでも話題となり、バイヤーからも高く評価されています。

コスモファーム・プロフィール

社名　有限会社コスモファーム

資本金　300万円。借入金や、利用している補助金は一切ありません。

売上金額　およそ4千万円／年。野菜と加工品の売り上げです。コンサルタント料、講演、講義での収入は含みません。

圃場について　8〜9aの圃場が、飛び地で9ヵ所点在しています。圃場内にトマト専用のハウス(3a)1棟と、葉物や育苗用のハウス(3a)1棟があります。自宅に隣接して、機械などが置かれた倉庫。事務所。倉庫の一画に加工所があります。

作業スタッフ　総勢10名で作業しています。畑作業は息子と私(ときどき)。2017年春から、社員1名と、研修生が1名加わりました。妻と、息子の嫁は、倉庫内で袋詰めなどの出荷作業を担当。加工所では4名のパートさんが3名ずつのシフトで、ピクルス作りをすべてこなしています。出荷作業は倉庫が中心。百貨店や高級スーパーに卸すレタスブーケは、かき菜にした葉物を1枚ずつ、7〜8品種まとめてブーケ状に束ねたもの。
ピクルス作りは、レシピに沿ってピクルス液の配合から、野菜のカット、2度の殺菌、瓶詰め、ラベル張り、梱包、出荷までパートさんがすべてこなします。ベテランの方ばかりなので作業も早く完璧です。

保有する機械類　トラクター1台、軽トラック1台、耕うん機、畝立て機、大きめの動噴1台。大型の冷蔵庫1台。
加工所で使用しているものは、スチームコンベクションオーブン1台(調理・殺菌用)、真空包装機1台、ミキサー1台。

加工品販売　ピクルス、オリーブの塩漬け、オイル漬け、塩レモン

取引先　百貨店、高級スーパー・セレクトショップ、ホテル、香川県内および東京都内を中心としたレストラン約750店と契約。

マルシェ　青山「Farmer's Market」(土日開催)に月4回ほど出店。

通販　野菜セット通販(5件/日)、百貨店オンラインショップにて販売。

売り上げに必要な3つのポイント

以上、コスモファームの簡単な自己紹介です。

そして実はこの中に、多品目少量栽培をやっていく上でのヒントがいくつか隠れていることにお気づきでしょうか。新規就農を考えている人、将来に不安を持つ農家さんに、私がお伝えしたいノウハウが詰まっているのです。

まず、皆さんが目を留めたのは、売上金でしょう。多く見積もっても1haの畑で、4千万円を売り上げるのは（自分で言うのもおかしなものですが）大変なことです。しかも、補助金や銀行からの融資などは受けていないので、返済金もありません。

もうひとつ驚かれるのは、「コスモファーム」という会社が、皆さんが想像するよりも、ずっとこぢんまりとしていることではないでしょうか。

スタッフ10人のうち4名は家族ですし、工場のような立派な加工所があるわけではなく、パートさんが3人ずつで回している家内工業。そもそも加工品の種類も、ピクルスのバリエーションこそ多数ありますが、実にシンプルです。

売り先も、書き切れないくらい並んでいるのかと思ったら、そう多くはありません。レストランの契約数は750店と多いですし、聞けば名の知れた店もありますが、これらの店からは毎日注文が入るわけではありません。注文の頻度はまちまちですが、オーナーシェフのレストランで、1日に使われる野菜の量には限りがあります。

それでは、売り上げの秘密はどこにあるのでしょうか。その答えとなるポイントが、次に挙げる3つです。

- 「もったいない」の発想
- 魅せる野菜を目指す
- 口に近いところまで持って行く

どういうことなのか、改めて見ていきましょう。

まず、「もったいない」の発想。これは、何度かお話してきたのでもうおわかりかと思いますが、クズ野菜、廃棄処分の野菜を極力出さないことです。

市場に出荷する野菜は、厳しい規格に通らなければ破棄されてしまいます。形の悪いもの、割れたもの、一部虫食いしたものは味に何ら問題がなくても、圃場廃棄です。これは生産者にしてみれば大きなリスク。無駄を出せば野菜の生産性は下がってしまいます。

しかし、生産した農作物のほとんどが出荷対象になれば、生産性が上がり、そこに加工を加えることで付加価値は何倍にも上がっていきます。コスモファームでは、ピクルスに加工することで、規格

コスモファームのスタッフは家族4名と加工のパート3名。2017年の春、研修生1名と社員1名が加わった。

外野菜も出荷対象によみがえっています。もっとも、途中からはピクルスの出荷量が大幅に増え、規格外野菜だけでは追いつかなくなっているのが実情ですが。

多品目少量栽培を手がけている農家はここまでやらないから、経営が成り立たないのではないでしょうか。私が取り組んでいるのは、そのもう一歩先です。

たとえば、通常は100g程度の大きさで収穫するニンジンをそのまま圃場に残したらどうなるでしょう。

ニンジンは割れてしまうかもしれませんが、500gの大きさに育ちます。ニンジンとしては割れて商品にはなりませんが、割れたところを取り除いたとしても3倍以上の量を収穫できることになります。ニンジンはきれいにカットしてピクルスに使用すれば、品質的にも何ら問題はありません。手間はかかりますが、こうすることでニンジンに最大限の付加価値をつけることができます。畑を無駄なく1つの品種を長い期間収穫することができるのです。

ダイコンの場合はどうでしょう。最初は播種後早い段階の収穫で、カイワレダイコン。次に葉ダイコン。ダイコンの抜き菜。これは間引き菜とも呼ばれる育つ前の大根です。そして一般的なダイコンとして収穫するわけですが、まだまだここで終わりではありませ

黒キャベツも終盤になると、とう立ちしてくる。この花も菜花として販売する。

ん。とう立ちしてきたら菜花。花が咲いたらサラダ用のダイコンの花。さらに実がついたら莢ダイコンとしてサラダ用。同じ野菜でも、収穫時期を変えれば、1品目でこんなにもバリエーションが生まれるのです。黒ダイコンや赤ダイコン、紫と品種を変えれば、カラフルな色、形、味の違いなど、何十通りものバリエーションが生まれます。

多品目少量栽培の魅力は、実はここにあると私は思っています。

「とう立ちした野菜は出荷対象にならない」などという一般常識にとらわれないこと。差別化を意識して、「こうしたらどうなる？」とイメージしながら野菜と向き合うこと。与えられた仕事を淡々とこなすだけでは、多品目栽培は成り立っても、そこから先の発展性はありません。これではつまらないと思いませんか？

もったいない＋魅せる野菜

アイデアのタネは他にもいろいろあります。

レタスブーケについてはお話していますが、これがどんなに色のきれいなレタスでも、1株のままドンと売り場に置かれていたら、興味はあっても無駄にしそうだからと消費者は購入しないでしょう。

「かき菜で10枚ほど。全部種類が違って、見た目がカラフル。ちょっと足りないかな。でも、トマトやキュウリと合わせれば、ちょうどいい分量かも」

これが消費者のニーズではないでしょうか。

ピンポン玉から親指大ほどの小さなジャガイモ。市場では売れないので、当然のごとく規格外で処分ですが、コスモファームではこれも立派な商品になります。

皮付きのままピクルスにしたものもちろんですが、マルシェなどで売る際に、大きな袋に入れるのではなく、横10㎝、縦30㎝ほどの細長いビニール袋に詰めるのです。たったそれだけです。

大きなジャガイモでは入らないような袋に、ミニサイズから超ミニミニサイズまでのジャガイモが詰まったこのパッケージングが不思議とおしゃれに見える。普通サイズのジャガイモより先に小粒のものが売り切れになる！　レストランニーズをしっかり理解し「何が欲しいのか？　何がおしゃれなのか？」を常に考えている結果です。これが、コスモファームの売り方の秘密の２番目、「魅せる野菜」につながってくるのです。

よく、大手スーパーで紫キャベツが４分の１カットで売られていますが、たとえ少量にしても、無造作にラップにくるんだ状態で売っていたら、人目は引きません。

コスモファームの野菜は量だけでなく、そこに「魅せる」というもうひとつのキーワードも織り込まれているため、消費者に興味を持ってもらえるのではないでしょうか。

ふた手間は失格、ひと手間もかけさせない

では3つめのキーワード「消費者の口に近いところまで持って行く」とはどういうことでしょうか。

たとえば加工品の代表格である切り干しダイコン。直売所ではよく扱われていますが、残念ながら都会の核家族、特に若い人の一人住まいでは、手間のかかる料理や煮物などはほとんどしないでしょう。料理をする方でもお徳用の大袋に入った切り干しダイコンなどは必要ないと思います。

ところがひと手間加えて、切り干しダイコンの煮物を真空パックにしたものならどうでしょう。出汁の効いた味をそのまま楽しめると、喜ばれることは間違いありません。スーパーで売られる総菜は、そんなニーズをとらえ売上を伸ばしています。しかし、コスモファームは野菜と総菜のもっと狭いニーズを狙っています。

コスモファームのレタスブーケは、適度な量と見た目の楽しさだけでなく、野菜を水洗いするだけでそのまま食卓に並べられる手軽さ、つまり「口に近いところまで持って行く」ひと手間が、人気の理由になっているのです。

ピクルスも同じで、蓋を開ければそのまま口に運べるサラダ感覚の手軽さが魅力になっ

ていることは間違いありません。

マルシェの重要性

ここで、コスモファームの販路を広げるのに大きな役目を担ってくれたマルシェについてお話しておきましょう。

実は、私とマルシェとの縁は深く、香川で多品目少量栽培を始める前の2009年頃から、様々なマルシェの立ち上げに携わってきました。

最初は事務所のある横浜の「ベジダブル・マーケット」の立ち上げ。同じころ、全国8都市で同時にスタートした「マルシェ・ジャポン」の立ち上げに、企画段階から関わりました。

「マルシェ・ジャポン」は、「マルシェ」という言葉を日本に定着させるきっかけとなった先駆け的存在で、農林水産省が「未来を切り拓く6次産業創出事業」として始めたプロジェクト。参加団体には計16億円の補助金が交付されましたが、1年で政府の「仕分け」対象となり、廃止に追い込まれました。しかしその後も企業の支援によって、各地のマルシェが独立した形で、運営を続けています。

私も東京のお台場や神宮前で活動する「ハピマルシェ」に参加。このほかにも「震災復興マルシェ」「六本木 Mid-Market」など、様々なマルシェにかかわってきました。

最近は、東京・青山の国連大学前広場で開催される「青山 Farmer's Market」(毎週土日開催)に月に4回程度出店しています。

マルシェというのは面白い場所で、先に挙げた3つのポイントがきちんと揃わないと、商品がまったく売れません。味気ないブースだと、お客さんは素通り。足も止めてくれません。

反対に、面白そうな商品や、凝ったディスプレイ(商品の陳列)をしているブースでは、必ず人が立ち止まってくれます。とはいってもすぐに購入につながるわけではありません。

コスモファームの場合なら、珍しい野菜の名前や食べ方について、あれこれ聞かれます。ここできちんと答えられることが大きなポイント。名称だけでなく、誰でもできそうな調理法を伝えられればなおいいでしょう。

「フライパンでさっと焼いて、塩とオリーブオイルをかけると美味ですよ」

といった具合なら、お客さんの購入意欲はぐっと高まるはずです。

青山はレストランのシェフや食品関連のバイヤーも面白い食材はないか、リサーチに来ているので、ある程度専門的な知識に答えられることも大事です。他の食材との相性や、栄養価についての知識があれば万全でしょう。

私にとって、マルシェは実験の場です。ひとつはディスプレイの実験。「魅せる野菜」

のために、ディスプレイにはとことん凝ります。それはもう、「売り場はアート」くらいの感覚ですね。

また、同じ品目で異なる品種のものを組み合わせたり、「ラタトゥイユセット」のように料理に必要な野菜を組み合わせたりと、テーマを決めてかご盛りにするのもひとつの方法です。いずれにしても見た目がカラフルで、比較的メジャーな野菜と珍しい野菜がバランスよく組み合わされていることがポイントでしょう。

このように、マルシェは「どうしたらより人を惹きつけることができるか」にこだわる実験場というわけです。

きっかけは高級セレクトショップ

マルシェでコスモファームが最も人を集めたのが、ピクルスデビューのときでした。

さまざまな種類のピクルスを、売り場のほとんどを占める大きな木箱に、隙間なくきっちりと並べたところ、人だかりができるほどの人気となったのです。個々のピクルスもそうですが、ずらりと並んだカラフルなピクルスの美しさに、多くの人が驚いてくれました。

コスモファームの販路が切り拓かれたきっかけとなったのが、このピクルスです。たまたま来ていたセレクトショップのバイヤーの目に留まり、「うちで扱いたい」と声をかけていただいたのです。

話はスムーズにまとまり「コスモファームのピクルス」として全国の店頭に並ぶことになりました。

そのニューヨーク生まれの高級食材のセレクトショップは、厳選された商品だけを扱う店として知られ、デパートの食品売り場でも目立つ位置に出店しています。その店のロゴ入りトートバッグは皆さんよく持っていますね。

コスモファームのピクルスも、あのセレクトショップが扱っている商品なら確かだとお墨付きをいただいたおかげで、他の業態からも注文が入るようになりました。

立て続けに百貨店や高級スーパーからも話をいただき、こちらは野菜を中心に売り場での扱いが決まりました。

百貨店は、バイヤーがコスモファームの圃場を見学に来てくださったのがきっかけですが、セレクトショップと契約していることで信頼された面も少なからずあったろうと思っています。

「差別化」と「販路の確保」は多品目少量栽培における車の両輪のようなものだといいました。その「販路の確保」に、マルシェが大きくかかわったことは、これでおわかりいただけたでしょう。

こちらから、企業に売り込みをかけたり、あいさつ回りに行ったりしなくても、マルシェという舞台できちんとプレゼンテーションができれば、必ず道は拓けます。

この本を読まれる皆さんが、どんな場所で農業に従事するにしても、多品目少量栽培に挑戦するのであれば、大都市で開催されるマルシェへの出店をぜひ実現してください。残念ながらマルシェで利益が出ることはほとんどありません。しかし、必ず販路の確保につながるきっかけがつかめるはずです。

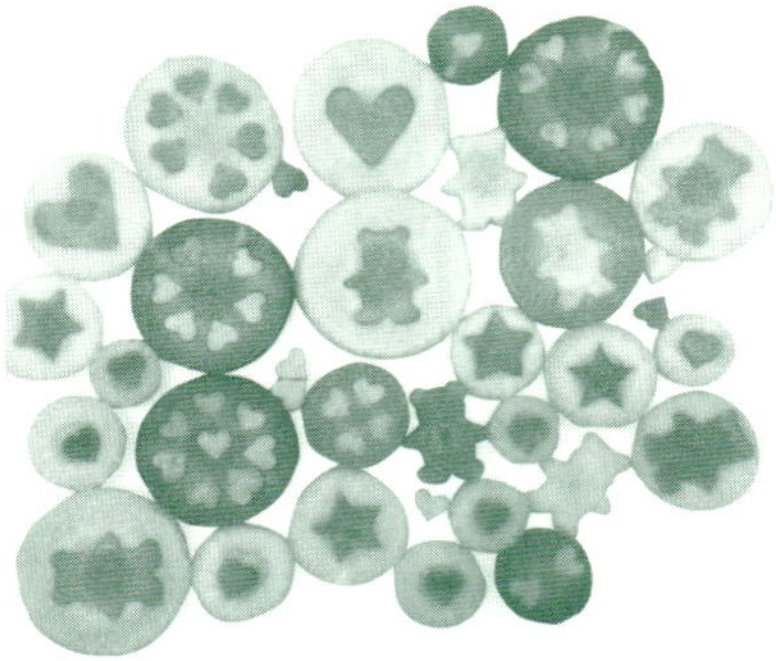

ニンジンは赤色、白色など多品種を栽培。千切りにして２層にしたり、型抜きすることで、見た目も楽しい商品となり、お客様に手に取ってもらえる。

マルシェでは足を止めてもらえるようなディスプレイを心がける。ミニパプリカは数品種をミックスすることでカラフルになる。ラタトゥイユ用のセットはこれを買うだけで多品目の野菜を必要な分だけ揃えることができて便利。

多品目
少量栽培で成功できる!!
3章

成功する 多品目栽培の 基本

自分の環境を知ろう

さて、3章では、「あなたが」多品目少量栽培に取り組むなかで、何をどのように準備すればいいのか。どんな作業をするのか。作付け計画はどう立てればよいのか。経営戦略は？　といった、より具体的な内容に踏み込んでいきます。多品目ならではの大変さもたくさんありますが、それ以上に楽しみが多いことがおわかりいただけるでしょう。

やり方次第で「小さな圃場でも大きな収入が見込める」なら頑張り甲斐もあるというもの。世の中に楽して儲けられるようなうまい話はありませんが、同じ条件のなかで最も効率の良い方法を選択すれば、結果は必ずついてきます。

多くの農家は、自分の作る野菜にほれ込みすぎるきらいがあります。いきなり厳しいことを言いましたが、残念ながらこれは事実です。「俺の野菜は丹精込めて作っているからおいしい」、「有機栽培だからおいしい」、「気合いが違う」と、勢いで野菜を栽培しても、栽培方法や食に興味をもって勉強をしていなければ、言葉の薄さだけが残ってしまいます。

まずは自分が置かれた環境を冷静に分析してみましょう。

農業は自然相手の産業です。収穫できるまでには短く見積もっても数ヵ月から数年。その間に台風のような自然災害に遭えば、収穫・収入がまったくなくなってしまうこともあります。

急速な高齢化、産地間競争、系統共販など、さまざまな政策や時代の流れのなかで、農家の栽培する作物数は激減しています。

伝統野菜・地方野菜など、採れる量が少なく、食べ方など一般的にあまり知られていない野菜は、その地域ですら扱われなくなっているものもあります。

大産地はいかに市場の占有率を上げるかが勝負で、大手スーパーに大量仕入れしてもらうために選別を厳しくし、青首ダイコンや大玉のトマトを見栄えよく大量に作ることで、産地間競争に勝ち残ってきました。しかし競争に勝ち残れなかった産地はどうなるのでしょう。農業指導力や農家の生産性も落ち、老齢化や後継者不足で衰退していくだけです。

皆さんも、今はそんな状況下で農業に従事しているのかもしれません。あるいはそんな農業に新しい風を吹き込みたい、風穴を開けたいという意気込みで新規就農を考えているのかもしれません。

であるなら、厳しいようですが現実を見るしかありません。あなたが今置かれている現状、多品目少量栽培を始めるにあたってのあなたの置かれた環境を再度確認してみましょう。

圃場の条件を確認する

与えられた圃場の条件で、できる限りのことをする。農業においてはすべてここからスタートです。その条件がたとえ不利なものでも、受け入れるしかありません。受け入れたうえで、「さあどうする?」と解決策を考えていけばいいのではないでしょうか。

ところが最近は、農業離れを心配する省庁の方針から、補助金制度があまりにも充実してきたために、「完璧に準備をしてから農業を始める」若者が増えています。「借金をして農業を始める」ことに、怖さを感じていないのですね。

広い圃場、立派なビニルハウス、機材の購入、工場並みの加工所まで設備は完璧。人を雇い、「いよいよ野菜作りだ」といっても売り先がなければ収入は得られません。

それなら単品大量栽培だと路線変更をしても、市場の出荷条件は厳しく、農業初心者が最初から大きな収入を得ることはまずできないでしょう。

まして借金を返済しながら、日々の生活のための収入を得るのは至難の業です。最初の数年は返済の必要がなく、逆にいくらかの補助が出るケースもありますから、何とかやっていかれる気分になるかもしれません。しかし、数年後には借り受けた何千万円もの借金の返済が始まります。それまでに、返済分をプールできるだけの事業の拡大ができるでしょうか。正直なところ難しいのではないかと思います。

多品目少量栽培のメリットは、狭い圃場でも始められること。機材や設備も最小限からスタートできることです。手間や努力に時間を取られることはありますが、少ない資金で始めることができるのです。そして家族経営から始められるメリットがあります。

たとえば、稲作や野菜などの単品大量栽培から、多品目少量栽培へシフトしたいと考えている場合、まずは稲作などをメインに据えながら、その一部(30〜50aほどの圃場)で、多品目に取り組むという方法もあります。ただし、これは人手があることが前提です。

また、このやり方は一時的なもの

で、多品目の売り先が決まれば（販路の確保ができれば）、全面的に多品目少量栽培にシフトすることを考えるべきでしょう。家庭菜園規模から始めることはお勧めしますが、ずっと家庭菜園を続けていても仕方がありません。

新規就農の場合は、30〜50aの圃場に絞って、生産効率を上げることに焦点を置く。これが、成功への近道です。

50aの圃場でも間引きした小さいサイズからとう立ちした花まで収穫すれば、50a以上の経営ができます。生育の早い野菜を組み込めば、年数回作付けすることもできます。圃場も機材も人手も必要最小限。その中で、廃棄野菜を出さない、旬のものを栽培するといった多品目少量栽培の鉄則を守り、販路をしっかりと確保します。

完璧を目指すのではなく、今自分が持っている手札を大切にすること。その手札を最大限に活用するにはどうしたらよいのかを考えてください。山に登るのに、絶対に必要なものをリストから外すことはできません。しかし余分なものまで詰め込めば、その重みに後悔するのは自分自身なのです。

コスモファームの場合でいえば、そもそも圃場が狭いうえに、その狭い圃場がバラバラに点在しています。車が入れない圃場もあり、肥料などはすべて手運びするしかありません。私は基本的に農薬をあまり使いませんが、農薬散布車を入れようにも車両が入れなければ、圃場まで運ぶことは不可能です。しかしこの不便な条件のおかげで農薬に頼らない栽培ができる。結果、安心な味の良い野菜を作ることができるのです。

最初に導入したトラクタは23馬力。

まずは、自分の置かれた条件を冷静に見て、プラス面、マイナス面を確認し改善していくことが大切です。

これから畑を借りようとしている、あるいは代々続く土地で新たに多品目少量栽培を始めようと考えている場合など、皆さんが置かれた状況は様々でしょう。どのような点に注意すればいいのか。具体的な条件ごとに確認していきましょう。

良い土壌とは？

一般的に作物の栽培に適した土壌とはどのようなものをさすのでしょうか。

●団粒化していること

土の粒子が集まって団子状になることを団粒化といいます。団子状になることで土の隙間が多くなり、通気性や排水性が良くなります。

●微生物が生息している

微生物の分泌物や微生物自身が植物の栄養になります。

●pH6・0～6・5

pH値とは酸性かアルカリ性かを示す値で、この数値はちょうど中間、つまり中性を示しています。多くの野菜がこの範囲でよく生育します。pH値が高いと要素欠乏やアンモニア障害が発生しやすくなり、低すぎると野菜の生育が悪くなります。

土壌に恵まれていれば、作物は育ちやすく、栽培にかかる手間や肥料も軽減できます。ただし注意しなければいけないのが、圃場がもともと「畑」なのか「水田」なのかということ。

実はコスモファームの圃場は多くがもと水田で、6月の梅雨の時期と9月の台風シーズンに雨が続くと、浸水してしまいます。そのため春夏作もありますが、メインは温暖な気候で雨の少ない秋冬の栽培です。

元は塩田だった圃場は、根菜類の栽培に適している。

ただし関東から北海道にかけての地域では、夏場の生産がメインになるでしょうから、条件も変わってきます。まずは自分が、

- どのような土地で
- どのような土を使って

野菜を栽培するのか、チェックしてみましょう。

個人的には、高額な土壌診断は必要ないと思っています。コスモファームでも、水はけのチェックや天地返しなどの基本作業はしていますが、大がかりな土壌診断や土壌改良はしていません。むしろ、その土に合った品種を探す作業に力を入れています。

多品目少量栽培だからこそ、さまざまな品種の中から自分の圃場の土や気候に合ったものを選ぶことができるのです。

最近の異常気象について

ここ数年の天気は異常です。

7月まで猛暑が続き、2017年も暑いのかと思いきや8月の台風シーズン以降は雨ばかり。全国各地で数日間に2000㎜を超える猛烈な雨が降り、各地で大きな被害をもたらしました。

農業ではこのような気候の変動と、野菜の供給量、そして野菜の価格までが直結していますから、天気予報から目が離せません。年末やお盆など、需要のある時期に野菜が供給できないとなれば、スーパーなどは商売上がったりです。

日本中が熱帯化してきている状況は、今後も続きそうです。となれば、日本の農業に対する考え方そのものを変えていかないと、大変なことになるかもしれません。

現に、大雨による田畑の崩壊、冠水による根腐れや、日照不足による出荷量の激減が現実になっています。梅雨がないはずの北海道で梅雨まがいの長雨が続き、猛暑や爆弾低気圧の被害が頻繁に起こっています。

そうなると栽培品目の変更や作型の変更を考えなければなりません。米のブランドが北上し、リンゴの産地が徐々に標高の高いところへと移動しているように、自分の畑のある地域にちょうどよいと思っていた栽培品種が、数年後には、土地の気候と合わなくなってくる可能性も十分にあるのです。

コスモファームでも、台風の被害と長雨のダブルパンチで、一時期圃場が水浸しになってしまい、カリフラワーの苗ができ上がっているのにもかかわらず、立ち入ることすらできませんでした。

このままでは苗が老化してしまうと、プラグ苗を鉢上げしました。そのほかの野菜も圃場の準備に合わせながら何度も播種を繰り返すなど、地道な努力を続けて何とか危機を脱してきました。

このような事態に対処するためにも、

- 天候をチェックする(場合によっては圃場のある地域の、過去の天候を調べておく)
- 異常気象が続いたときにどう対応するか、プランを練っておく

などの対応を心がけてください。

多品目少量栽培のメリットとして、災害や異常気象にも強いことが挙げられます。単品大量生産のように、1年分の作物が全滅するリスクは低いからです。

そして圃場の状況が悪いから今年はあきらめるのではなく、新しい

品目に挑戦するチャンスだと、ポジティブに考えましょう。

このくらいの図々しさが、多品目少量栽培を継続する際に、最も必要なアイテムかもしれません。

多品目少量栽培の管理について

多品目少量栽培の場合、品種が多ければ管理も大変だろうと思われるでしょう。

もちろん、野菜によって栽培方法が異なり、播種から収穫までの時期もまちまちですから、それを把握して管理するのは大変です。

おそらく一番大変なことは、収穫と出荷調整でしょう。形が決まっていない野菜を商品に組み立てるには、やはりセンスが必要です。コスモファームでも苦心しているのはまさにそこです。農家本来の仕事は、生活者においしい野菜を届けることです。ところが今の食は情報の分断により、農業者と生活者の求めるニーズに開きが出てきています。大きな誤解は、いつでも手に入る、見た目が美しい、ということがニーズだと教えられてきたことでしょう。これでは、農家の生産方法も変わってしまいます。

多品目少量栽培を選択した以上、本来の農家の管理方法、もっといえば農業者＋生活者目線に戻ることが大切かもしれません。野菜を活かす管理。足さない管理。その鉄則7か条を挙げてみましょう。

1 多品目多品種のバランスを崩さない

2 栽培地の環境を理解する

3 旬を守る

4 長く収穫できる品目を選ぶ

5 売り先に合わせた商品作り

6 無駄な選別はしないが、出荷調整など、商品価値を高めるための手間をかける

7 規格外品も無駄にしない

多品目多品種のバランスを崩さない

たとえば50aの畑で、最近人気があるからとズッキーニを10aも栽培したら、余らせることになるでしょう。

多品目少量栽培の基本は「1つの品種だけ大量に作らない」こと。コスモファームでも、売り先の決まっているもの以外は、バランスを見ながら栽培する量を決めています。

確実な売り先がないまま、「昨年売れたから」、「今話題の野菜だから」という理由だけで大量生産をしてはいけません。テレビで取り上げられる「新顔野菜」も、マスコミがあおるほどには売れていないのが現実ですし、流行に乗って生産に乗り出したときには、もう次の野菜に関心が移っていたりします。

売り先のない野菜を大量に抱え込むリスクがないのが、多品目少量栽培のメリットなのですから、少量という約束事を逸脱するのは危険です。

旬を守る

キャベツの旬がいつだかご存知でしょうか？　今では1年中、スーパーの野菜売り場に並ぶキャベツ。餃子にお好み焼き、とんかつの付け合わせと、キャベツがない状態は許されません。そこで季節に関係なくキャベツを生産するため、植物の生理を無視した品種改良が繰り返されています。

本来キャベツを含むアブラナ科の植物は、春の長日条件でとう立ちし（日照時間が長くなると花をつける）、花が上がり、種子をつけて終了します。ところが現在では品種改良によって、夏の長日条件でもとう立ちしにくく、病虫害も少ないキャベツが出回っています。「虫も食わない」キャベツがおいしいかといえば、味は二の次といったところでしょう。

旬である冬に育ったキャベツは、寒さにあたることで細胞液の中に糖分が増える「ハードニング」という現象を起こします。植物が寒さで凍らないようにするための自己防衛機能で、冬場のキャベツが甘いのは、この「ハードニング」によるものです。

多品目少量栽培では、年間を通じてキャベツの収穫をする必要はありません。ですから、品種改良の加えられていない品種を選択、旬においしいキャベツを作ることができるのです。

長く収穫できる品種を選ぶ

ブロッコリー、カリフラワー、カブ、ダイコン、レタス類などアブラナ科の植物は、キャベツと同じように、とう立ちし、種子をつけます。

野菜をとう立ちさせると、葉が硬くなり食感が悪くなるので、やってはいけないというのが一般常識です。しかし実は、菜花には菜花の食感や味わいがあって、サラダなどに加えれば見た目にも楽しめるのです。

たとえばキャベツひとつとっても、「カーボロネロ」（黒キャベツ）の菜花は味が濃い。甘キャベツは菜花も甘い。ケールの菜花は意外と癖がないなど、特徴は様々です。あえてとう立ちさせることで収穫時期をずらし、成長の早い葉物でも長い期間収穫することができるのです。

売り先に合わせた商品作り

多品目少量栽培の基本は「販路の確保」が重要です。できることなら、すべての野菜の売り先が決まっていて、行き場のない野菜は一切ないのが理想でしょう。

しかしほとんどの場合、確実な売り先が決まっておらず、マルシェや直売所などに持ち込む野菜も含まれていて、売れなかったらどうするのか悩ましいのが現実でしょう。

ではどうすればいいのか。マルシェで売り切ればいいのです。売れる野菜を作ればいいということです。コスモファームのレタスブーケのように、カラフルで、珍しくて、使いやすそうで、適量。その完成形をイメージして、作型を考えることが大切です。自分がどこで、何を、どん

デパート	レストラン	直売所	マルシェ
● 高級志向の野菜 ● 食味が良いもの ● 定番商品は切らさない(自分の棚をキープ) ● 野菜セットなどテーマの企画を提案するアイデアと、企画に合った野菜をいつでも出せるように作付けする	● 一般にあまり流通していない品目 ● デパートより細かい品揃え ● 味が同じならば、多少形が悪くても価格調整で対応 ● デパートよりも、細かく品を揃える	● 完熟のおいしい状態で出す ● 売り場確保のため、毎日出す ● 重い野菜も売れる	地元 ● 自分を表現できる商品 ● 食べ方の提案をしながら販売 都会 ● シェフやバイヤーの興味を惹く変わった野菜 ● 重量の軽いもの

なふうに売りたいのか。イメージをきちんと持って作付け計画を立てましょう。とにかくやみくもに、あれもこれもと挑戦するのではうまくいきません。

無駄な選別はしないが、出荷には手間をかける

コスモファームでは、レタスブーケを袋に詰める際、いかに美しく見せるかというところに細心の注意を払います。野菜の色の美しさを引き立てるために、色味が重ならないようにして、中央に菜花を添える。手間はかかりますが、無造作に詰めるのとはまったくでき上がりが違います。

多品目少量栽培の管理というと、野菜の育て方にばかり目が行くかもしれませんが、出荷・調整作業はとても大切です。市場に出荷する場合は、部会などで箱詰めのルールも決まっていますが、縛りがないからこそ「どう工夫を凝らすか」、「商品価値を上げるにはどうしたらよいか」を常に考えましょう。

管理の基本は「もったいない」です。いかに無駄を出さないかということが、多品目少量栽培では大きなウエイトを占めます。

傷のある野菜なら、カットして加工に回す。大きさが規格外なら、そこを逆手にとって、いろいろなサイズがパッケージングされた商品として売るなど、方法はいくらでもあります。簡単に廃棄処分にしないことが大事です。

種子と苗の選び方

多品目少量栽培に着手するとなったら、まず見つけなければいけないのが、多品目に対応した種苗店です。基本的に種子は種屋、苗は育苗の専門農家・メーカーにお願いします。

最近は大手の種苗会社でも新顔野菜などの変わった品種を扱っていますが、できれば先々のことも考えて、小規模でもマニアックな注文に対応してくれる専門店を見つけておきたいところです。私も個人的に古くから付き合いのある、種屋さん、苗屋さんにお願いしています。

種子に関しては、野菜について勉強していく中で、これをやってみたいというものをこちらから注文。ときには海外から取り寄せてもらうこともあります。息子は、ネットで直接海外の種苗メーカーから買い付けることもあります。

日本の有名メーカーでは、高い発芽率や秀品率を売りにしているところが多いのですが、輸入の種子は発

芽率があまり高くないのが一般的です。そうはいっても、所詮多品目少量栽培で作るので、作付もわずかですし、問題は特にありません。苗に比べれば価格も安いので、金額的な面でも心配ありません。

こちらの細かい注文に柔軟に対応してくれて、珍しい品種に深い知識がある種屋さんが身近にいるとよいでしょう。さらにいえば、流行に敏感な種屋ですと、新しい品種を先取りできます。

苗屋さんについては、高い技術を持っていることが絶対条件です。連作障害を避けるために接ぎ木をする場合など、技術の差は必ず出ますので、口コミで評判のいいところをチェックしてみましょう。

とくに多品目少量栽培の場合は、「ナス20本」「120連結のセルのものを20枚」「○月○日に植えたい」など、オーダーが非常に細かくなります。面倒くさがらずにこれらのオーダーに応えてくれる苗屋さんが見つかれば、仕事がずっとやりやすくなるでしょう。

ネットで検索すれば様々なタイプの苗屋さんが検索できますので、自分に合った苗屋さんを探すのもひとつの方法です。ただし、個人でやっている、専門分野に特化した苗屋さんは、ネット上には出てこないかもしれません。

コスモファームの場合はもう少し事情が複雑です。まだ誰も栽培していない野菜をいち早く栽培すること。これも多品目少量栽培を成功させていくうえでのポイントになりますので、依頼する苗屋さんは、口の堅い、信頼できるところにお願いすることが必須なのです。

たとえば、コスモファームで検討した結果、これをやってみようと決めた珍しい品種があったとします。それを私が20本頼んだところ、「コスモファームさんがこれを買いましたよ」と営業トークに使い、何千本も売りさばいた、というのでは信用できません。

できれば数年は、コスモファームにしかない新顔野菜として、とくにマルシェなどで売りたい。そのためには、秘密を守れる苗屋さんでなければ困るのです。

「苗半作」という言葉がありますが、良い苗ができれば、その作物（植物）の栽培は半分成功したのに等しい、という意味です。それだけ苗は大切だということです。

実際、トマトなどは苗半作とよく言ったものだなと思います。良い苗は、根がしっかりと張っていて、葉先が上を向いている。見るからに違うのです。

ベテランの苗屋さんなら、栽培の疑問に答えてくれたり。的確なアドバイスももらえるでしょう。指導者のひとりとして苗屋さんを選びましょう。

品種の選び方

品種をどう選ぶか。作付け計画をどう立てるのかも多品目少量栽培では重要なポイントです。

コスモファームの品種選びの基本は、この2種類です。

- 売り先から求められているもの
- コスモファームから売り先に提案したいもの

販路がきちんと決まっていれば、栽培する品種も栽培面積もおのずと決まっていきます。

6次化については、コスモファームはあくまでも野菜ありきで、廃棄する野菜を利用するためにピクルスが生まれたとお話しました。

現在はピクルスの販路もきちんと決まっており、ピクルスのために栽培する野菜もありますが、その関係が逆転する（栽培より加工品を優先する）ことはしていません。

デパートや高級スーパーなどレタスブーケを中心とした野菜類も決まった品種が決まった数出ますので、これらは切らすことのないように栽培しています。

レストランについては、こちらから提案する野菜を1kg単価で値段を設定し、売り先の希望するkg数で箱詰めします。納品は宅配便を使います。

「花芽のついた野菜がほしい」、「イタリア野菜の珍しいものを入れてほしい」など、レストラン側からの注文もありますが、コスモファームの栽培する野菜を信頼して、楽しみにして受け取ってくださる取引先がほとんどです。逆に、こちらも飽きられないように、シェフの顔を思い浮かべながら、喜んでもらえそうな品種を選んだり、日々工夫を凝らしています。

私と息子がぜひ挑戦してみたい新顔野菜や、伝統野菜など珍しいものは、マルシェでの販売できちんと説明できるように、また講習会などで料理を提案することを念頭に置いて、栽培しながら野菜の特性や食べ方の勉強をしています。

お客様が知らない野菜についてはしっかりと説明できることが大切です。さらにマルシェの店頭でも調理できるシンプルな食べ方の提案もします。見た目の鮮やかさや、何品種か組み合わせたときの楽しさなども考慮したうえで、挑戦するのが基本。ただ漠然と作ってみたいから播種する、という野菜はほとんどありません。

たくさんの品種を栽培する

コスモファームで扱っている野菜は、品目こそ特別多くはありませんが、品種については同じ品目でたくさんの品種を栽培しています。

ナス10品種、ダイコン10品種、キャベツ18品種、ジャガイモ30品種など、かなりの数に上ります。ジャガイモはこれだけの品種を作っている農家は日本でもそうたくさんはいないと思います。

野菜のカテゴリーは、イタリア野菜、日本の伝統野菜、機能性野菜が中心で、そういったものの多くが、カラフル野菜、栄養価が高いといった特徴があります。

常に複数の農産物を毎日出荷できるように、栽培の工夫をしています。

ナスの品種ひとつとっても、「クララ」(白ナス)、「白長ナス」、「リスタータデガンディア」、「ヒスイナス(緑)」、「フェアリーテイル(ゼブラ小型)」、「ヴィオレッタ」、「マグアポ(タイナス)」、「ふわとろ長ナス」、「ロッサビアンコ」、「三豊ナス」といったラインナップ。スーパーで手に入る「千両ナス」や長ナスは扱っていません。

ジャガイモも30品種を栽培していますが、その中に「男爵」や「メークイーン」などは入っていません。

その代わり「ノーザンルビー」、「デストロイヤー」、「シャドークイーン」など、皮だけでなく果肉にも色のついた品種、インカ系のように甘みが強くお菓子にも使える品種など、バラエティに富んだ品種を扱っています。

マルシェでは、これらのジャガイモをポテトフライにして試食してもらうと反応は抜群。このポテトフライの提案をしてほしいと企業の方に声をかけていただくこともあります。

試食を出し、実際に野菜の味を知ってもらうことで、販路が拓けていくケースが多いです。マルシェに力を入れて食べ方の提案をする。そして、いろいろな味を楽しんでもらうためにも、品種選びには熱が入ります。

お客さんがどうしたら喜んでくれるか。人が集まるか。イメージを膨らませることが大切です。

伝統野菜・地方野菜について

伝統野菜と地方野菜は同じもので、特定の地域で古くから栽培されてきた在来種の野菜をさします。その土地の気候風土に合った性質が受け継がれ、地元では今も食卓に上ります。なかには独特の苦みや癖のあるものも含まれますが、廃れることなく生き残ってきました。しかし、1970年代以降、生産量は減少。近年になって再び、地域おこしなどの観点から注目を浴びるようになってきました。

京野菜、加賀野菜、江戸東京野菜などはブランド野菜として人気があります。

香川の伝統野菜「マンバ」は、タカナの一種。あく抜きをしたマンバと豆腐などをいりこダシで炒め煮した一品は「マンバのけんちゃん」と呼ばれ、香川の名物料理になっています。

もちろん商品としての価値もありますが、自分が慣れ親しんだ野菜の味をなくさないためにも、地域の活性化のためにも、伝統野菜を栽培することには意義があると思っています。

種子について

伝統野菜について紹介したところで、簡単に、種子の説明しておきましょう。

従来からある種子には、在来種と固定種があります。在来種はそれぞれの地域で昔から栽培されている品種。固定種は、長年にわたり栽培しているものから形や性質に注目し、優良なものだけを選抜したもので、遺伝的に安定しています。

これに対して現在の主流になっているのがF_1(First Filial Generation)と言われる種子。性質の異なる純粋な親同士を掛け合わせて作り出したもので、雑種強勢と呼ばれる性質を持ち、親品種の能力よりも高い品質が得られるとされています。

しかし、F_1品種の登場で病害虫対策や形状を優先した育種が増え、個性を持つ品種が作られにくい傾向があるのも事実です。どちらの野菜が良くて、どちらが悪いというものではないのです。

私自身は、多品目少量栽培を手がけるうえで、大きさが揃った野菜を作る必要もありませんし、そこに魅力も感じません。その意味で、多品目だからこそ在来種を残すこと、地域の食文化とつながりをもった野菜を残すことに一役買えるのではないかと思っています。

コスモファームの圃場の一部。扇形の圃場は見て楽しめるように、色とりどりのレタスや黒キャベツなどを栽培。とにかく品目ごとにたくさんの品種を栽培することが成功の鍵。

ナスの圃場。ナスは見た目が変わったもの、伝統野菜などを積極的に栽培している。写真の3畝だけでも5品種は栽培している。写真右には障壁としてソルゴーを栽培。

多品目少量栽培に向かないもの

コスモファームで扱っている品種についてご紹介してきましたので、いよいよ皆さんがどんな品種に挑戦したらいいのかを考えていきます。

まず、できれば栽培を避けたいのはどんな品種か挙げておきましょう。

・キロ単価の安いもの
・市場で重量野菜といわれているもの
・どこでも買えるもの

重い野菜は、運ぶのも大変ですし、宅配便で送るのも送料がかかります。圃場に車が入らない、マルシェなどへ持ち込むのに費用や手間がかかる、といったことを考慮すれば、重い野菜は避けたほうがいいでしょう。

ダイコン、サツマイモ、キャベツ、カボチャなどがこれにあたります。

ただし、同じキャベツでも、「カーボロネロ」（黒キャベツ）やケール、「スティックセニョール」（茎ブロッコリー）などのイタリア野菜や新顔野菜は別です。人気もあり、近所のスーパーなどでは手に入りにくいので、マルシェやレストラン向けに栽培してみたい品種です。レタスブーケのように、お客さんが手に取りやすい状態に調整してから販売するのもポイントです。

ダイコンも同じで、青首ダイコンはどこでも買えますが、「黒丸ダイコン」や「ビタミンダイコン」のように、見た目にも楽しく、あまりお目にかかれない品種にはぜひ挑戦したいものです。

こちらも小ぶりのものをいくつかまとめて一袋にパッケージングするなど、ひと手間かけることで、見た目にも鮮やかで手に取りやすい商品になります。

根菜類はストックが利く

ニンジンやカブなどの根菜類は日持ちがしますし、とくに冬場は露地栽培が基本ですから、冷蔵庫が必要なく、安定して栽培できます。

ニンジンは、紫、白、オレンジ、黄、クリームと色味も鮮やかな品種が揃っていますし、小ぶりのもの、細長いものなど使い勝手の良いものも多いです。葉付きも含めてマルシェで人気があります。

珍しい品種といえども、ニンジンですから味に馴染みもあります。マルシェの店頭で簡単な調理法を伝えています。通販ならレシピを添えるなど、こちらもひと手間かけることで、より利用しやすくなります。カラフルさを際立たせるためにも、色の違いを意識して5～6品種を一組と考えて栽培すれば、より売りやすくなるでしょう。

一度に作りすぎない

以前、福島の農場でロメインレタスを栽培して、失敗した経験があります。

耕作放棄地を利用してかなりの面積を開墾した畑ですが、同時期に播種したため、収穫作業が追いつかず、泣く泣く廃棄処分にする羽目になってしまったのです。

夏に生育の早い葉物野菜を作る場合は、量を作りすぎないこと。冷蔵庫、配送用の保冷車、冷蔵宅配便など、予想外の出費にもつながりかねません。収穫時期が重ならないよう、さらに見た目や味のバリエーションが広がるよう、できるだけ多くの品種をバランスよく栽培しましょう。

新顔野菜の取り入れ方

多品目少量栽培に挑戦する以上、「新顔野菜を扱ってみたい！」と思う方は多いでしょう。といいますか、それくらいの意欲はぜひ持っていただきたいものです。

まずはその野菜についての知識や情報を集めましょう。

- 売り先を確保できるか
- 育てやすい品種か
- ほかに大量に作っているところはないか
- 味や見た目が受け入れやすいか
- 調理法が確立しているか。なければ自分でアレンジできるか
- 一定の価格で売れるか

見た目の可愛らしいもの、小ぶりでカットの必要がないものなどは、レストランやマルシェで比較的受け入れてもらいやすいので、候補に挙げられます。フルーツトマトやすでに挙げたニンジン、ダイコン、葉物などの新しい品種はこれに入ります。

ただし病害虫に弱い、露地栽培ができない、気候に合わないなどの理由で極端に手間がかかるものは避けたほうが無難でしょう。

また、マスコミなどで取り上げられている新顔野菜は、すでにＪＡなどが大量生産に乗り出している可能性もあります。こうなれば価格も下落しますし、栽培する意味はなくなってしまいます。

かつては沖縄野菜のゴーヤ、イタリア野菜のズッキーニ、最近人気のパクチーなどは、近所のスーパーでは手に入りませんでした。しかし今は、ほとんどの店に普通に並んでおり、価格も下がっています。後追いはやめておきましょう。

一見売れそうだと思っても、実際

ナスだけでも10品種以上栽培している。

に栽培してマルシェなどに持ち込むと、思ったように売れない野菜もあります。

コスモファームで作っているタイのナス「マクアポ」は、小ぶりで緑色。見た目は可愛らしいのですが、味が特別に良いわけではなく、タイカレーなど限られた料理以外では主張が強すぎる野菜です。このようなタイプの野菜は、価格も上げられないので、栽培の手間を考えると、割に合いません。調理法をアピールしようにも難しいですし、栽培をやめようかと検討しています。

新顔野菜に限らず、多品目少量栽培の作付けは、このような試行錯誤の繰り返しです。けれど、最初の年に50品種の野菜を栽培したとして、その中の10品種で失敗しても、ほかの40品種で成功すれば、翌年はそこから始められます。10品種をどうするか考えればいいのです。

多品目少量栽培の醍醐味をフルに使って、新しい品種にチャレンジしてみましょう。その結果として失敗したならそれはそれ。何もしないで先に進めないより何倍も進歩です。

加工品を見据えた品種

農家にとって加工品作り＝6次化は、「もったいない」という気持ちの延長線上にあるもので、決して優先順位が野菜作りより先に来てはいけません。ですから、この項目「加工品を見据えた品種」というのは、ちょっと私自身にも違和感があります。

考え方次第ですが、栽培リストに加えた品種で、加工品や料理を作ったらどんなものができるだろう。そのイメージだけはきちんと膨らませ

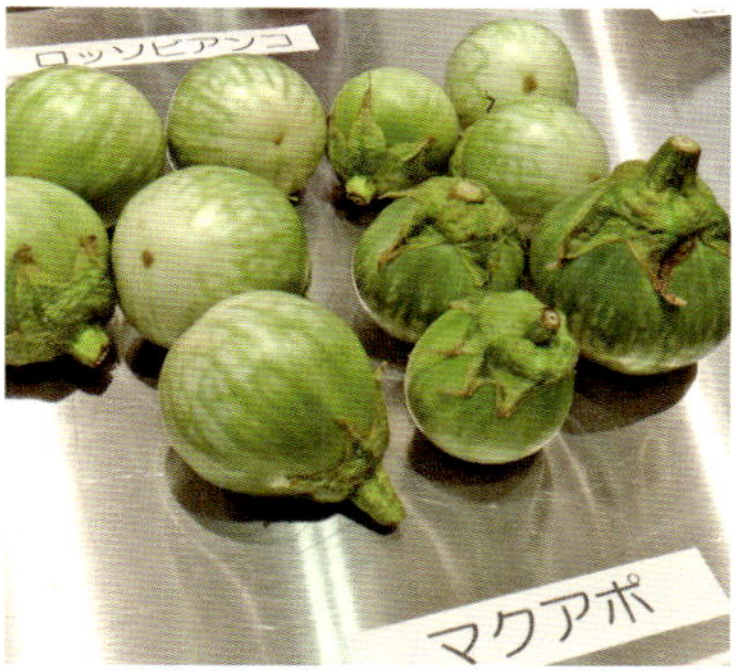

タイ料理に使われる「マクアポ」。

ておきましょう、ということです。

5章では、コスモファームの扱う野菜を使った料理のレシピを多数紹介しています。見た目にも鮮やかで、お洒落に仕上がったこれらの料理や加工品は、私だけでなく、一緒にレシピ開発をしてくれている料理研究家の方とのコラボレーションによって生まれました。料理方法を知ることで、生きてくる品目・品種もあります。

もちろん、レタスブーケのように、フレッシュで売ることができるならまずはそちらが優先です。どのような形態で出荷するのか。それぞれの野菜についてきちんと考えたうえで品種選びをしてください。

自分が作る野菜について知っておく

生産者は農産物を作りながら、意外にその野菜のことを知らない。私が地方の講習会などで毎回感じることです。

自分が作っている野菜を「おいしい」と感じて食べたことがない。食べ方がわからない。歴史や栄養価についてもほとんど知らない。信じられませんが本当の話です。

多品目少量栽培でやっていく以上、皆さんには「野菜オタク」になっていただかなければなりません。

野菜の名前や栄養価、原産国、歴史。そして「どうやって食べるとおいしいか」を勉強してください。別にシェフではありませんから、フランス料理やイタリア料理の作り方をマスターする必要はありません。もっとシンプルな調理法でいいのです。

「油との相性がいいので、オリーブオイルでさっと両面焼きつけて」とか、「煮込むと柔らかくなるので、コンソメスープでくたくたになるまで煮込んで塩コショウ」などでいいのです。お客さんも、「そんなに簡単においしく食べられるなら買ってみようかしら」と購買意欲がわくでしょう。

自分の作った野菜が無事に嫁に行くまできちんと愛情を注ぐ。自分の作る野菜について知るということは、自分の作る野菜について責任を持つ、ということかもしれません。

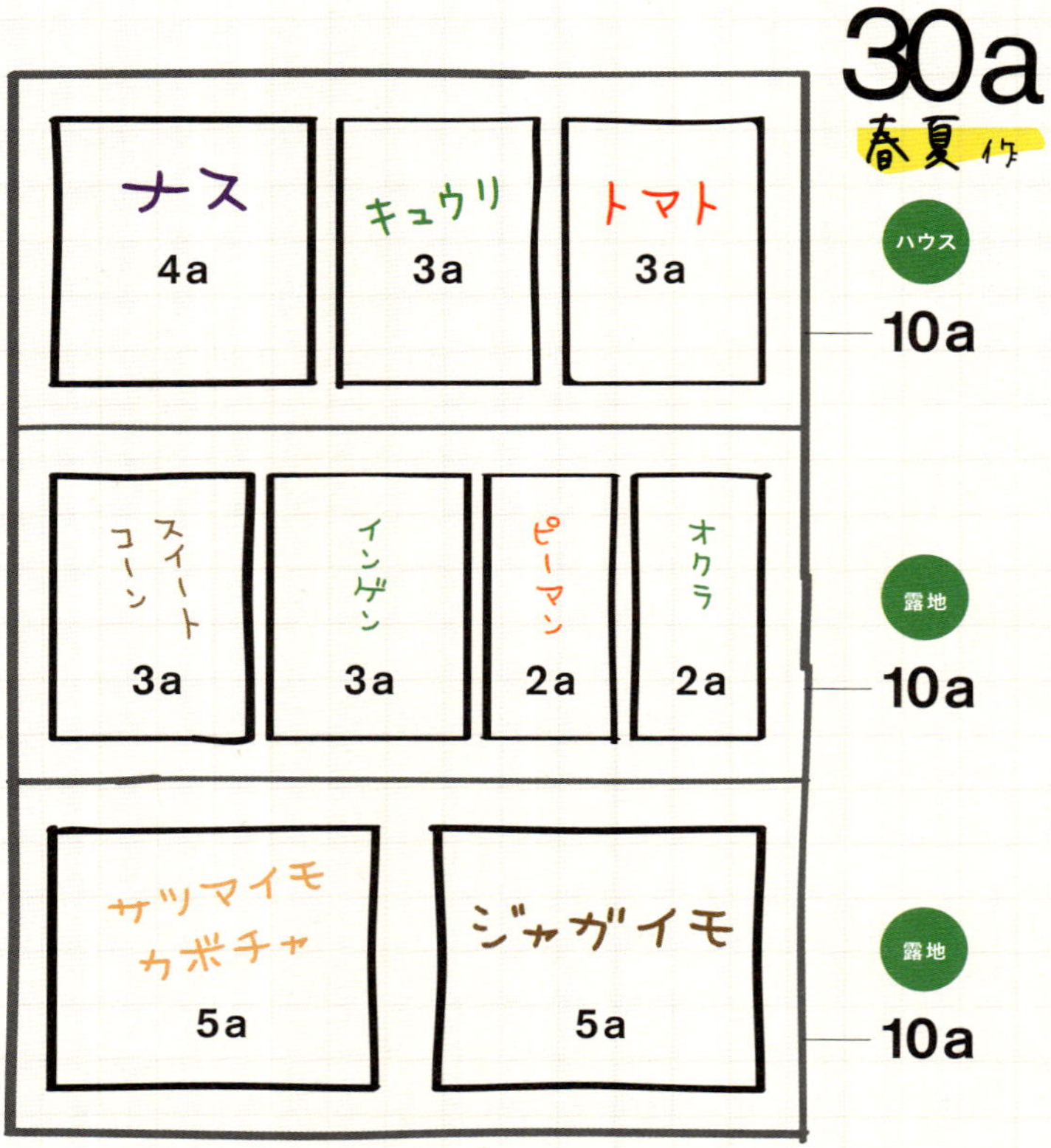

多品目少量栽培の作付イメージ

実際に多品目少量栽培を始める際、どのような点に注意しながら作付計画を立てればいいのでしょうか。30a、50aそれぞれの春夏作、秋冬作について、モデルケースを提案してみました。

多品目栽培では、作業に慣れるまで圃場の管理が難しいと思います。土作り、畝立て、播種〜収穫、追肥の時期が品種によって違うので常に作業に追われる感覚です。最初は品種名や品種数にこだわらず、手のかからないものを中心に作付けしていきましょう。

30a　春夏作

ハウス栽培10aと露地栽培20aの

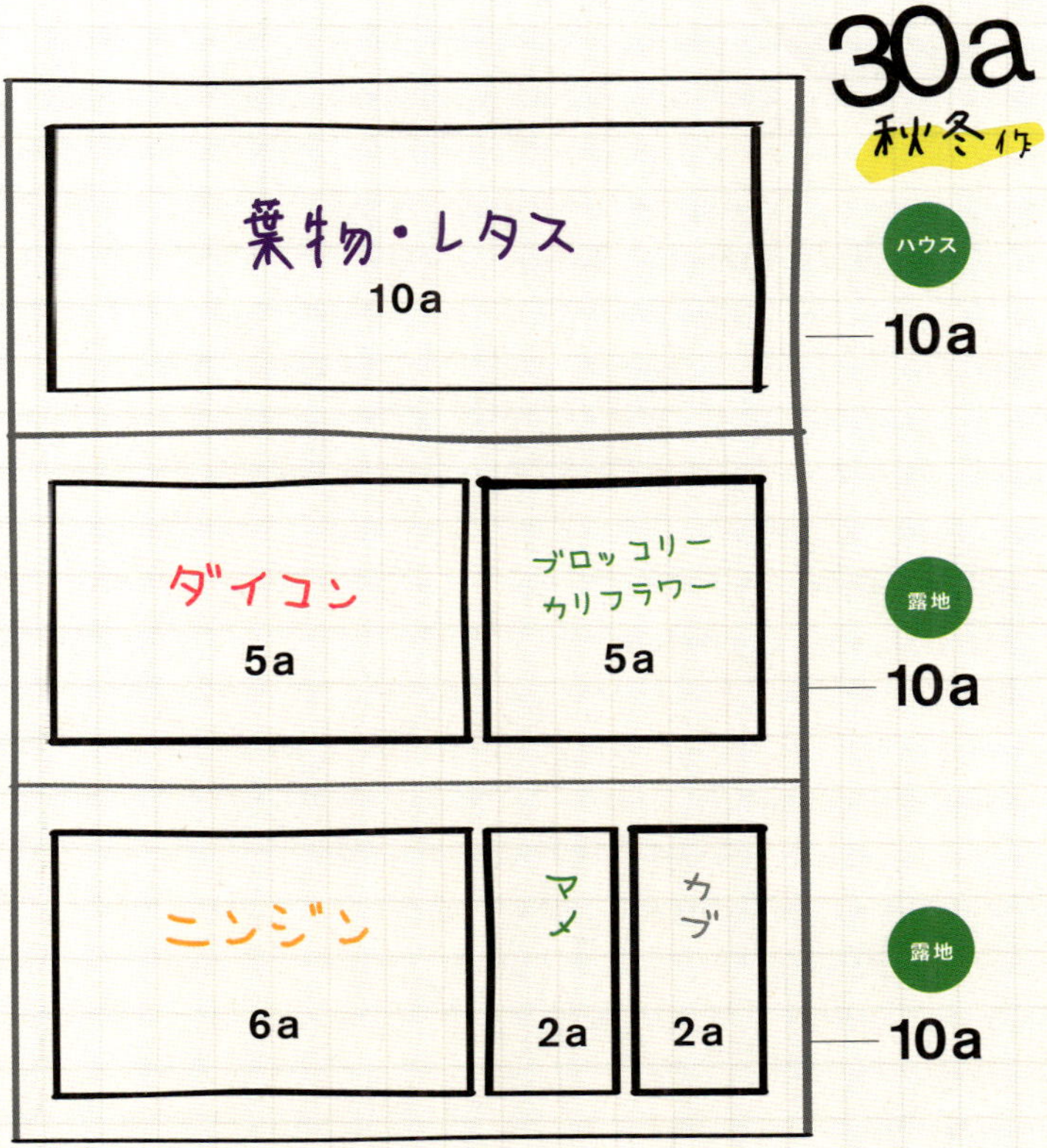

場合です。作業に必要な人数は最低2名、できれば3名ほしいところです。毎日収穫できるキュウリやミニトマトは安定した収入源になりますが、管理が大変です。露地栽培では手間のかからないジャガイモ、サツマイモ、カボチャの面積を多めに取り調整してください。

スイートコーンは作付しなくてもよいのですが、作るならベビーコーンで収穫します。本来は摘果するものを若いうちに採ることで、病害虫や鳥獣被害なども避けられます。

30a　秋冬作

ハウスでは葉物、露地では根菜類を中心に作付けします。6〜8月にジャガイモ、サツマイモ、カボチャの収穫が終わったら、時間を置かず畝立て、苗の準備、播種をしていき

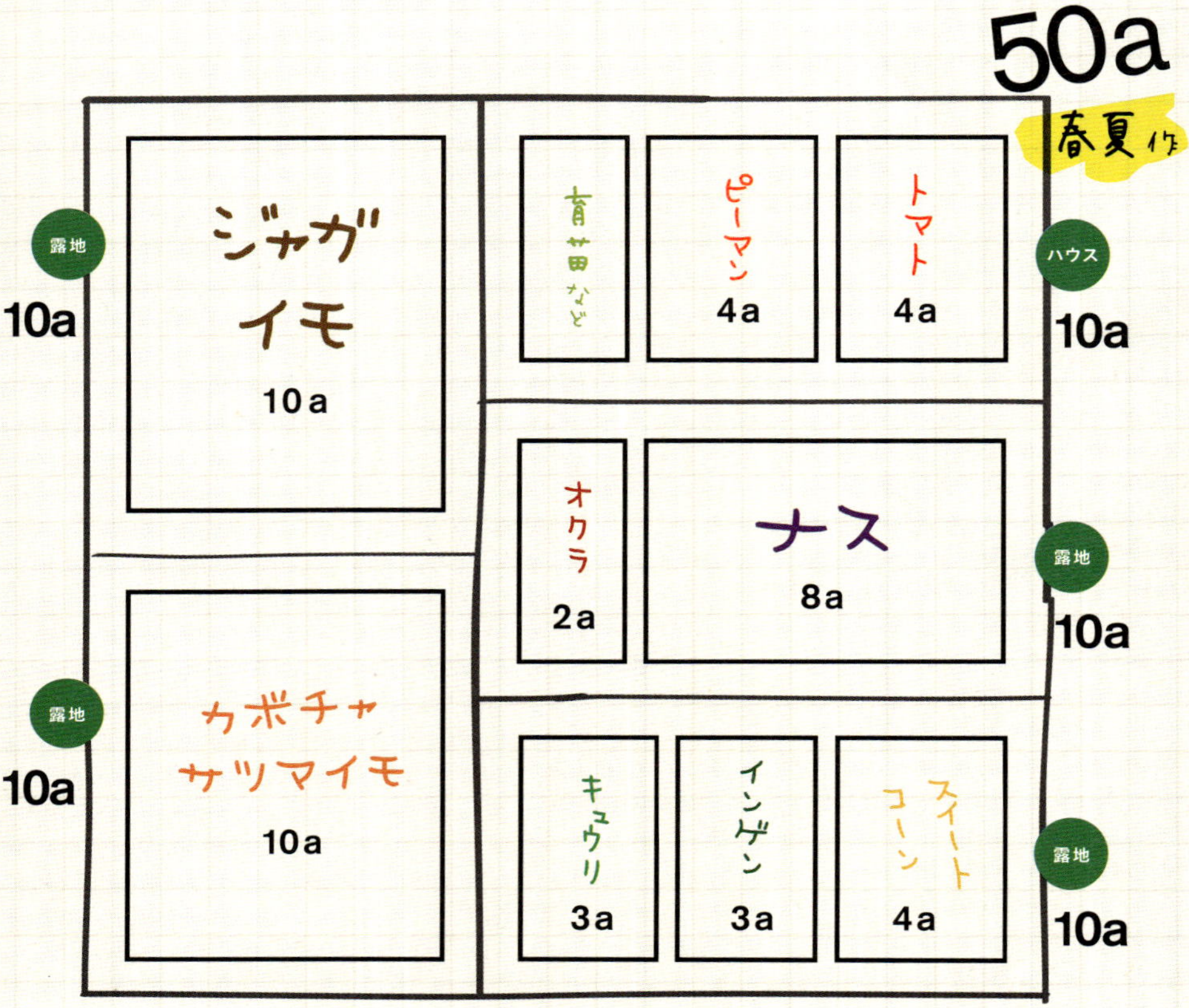

ます。秋冬作は生育もゆっくりで収穫にも少し余裕があるので、ダイコン、ニンジンなどはできるだけたくさんの品種を栽培します。色のバリエーションがあると販売につながります。

ハウスではレタスを中心に、スイスチャード、ケール、コールラビなどのキャベツ類、フェンネル、バジルなどのハーブ類も栽培可能です。

レタスは8月下旬から時期をずらして4〜5回（約2ヵ月ごと）、翌年の2月まで定植していきます。収穫も一度ではなく、外側から葉をかいて収穫するため段階的です。レタスもできるだけ多くの品種を作付します。「ピンクロッサ」、「ロロロッサ」、「モッズストーン」、「アメリカンオークレタス」などはコスモファームでもお馴染の品種。レタスブーケに挑戦してみる前提なら、品

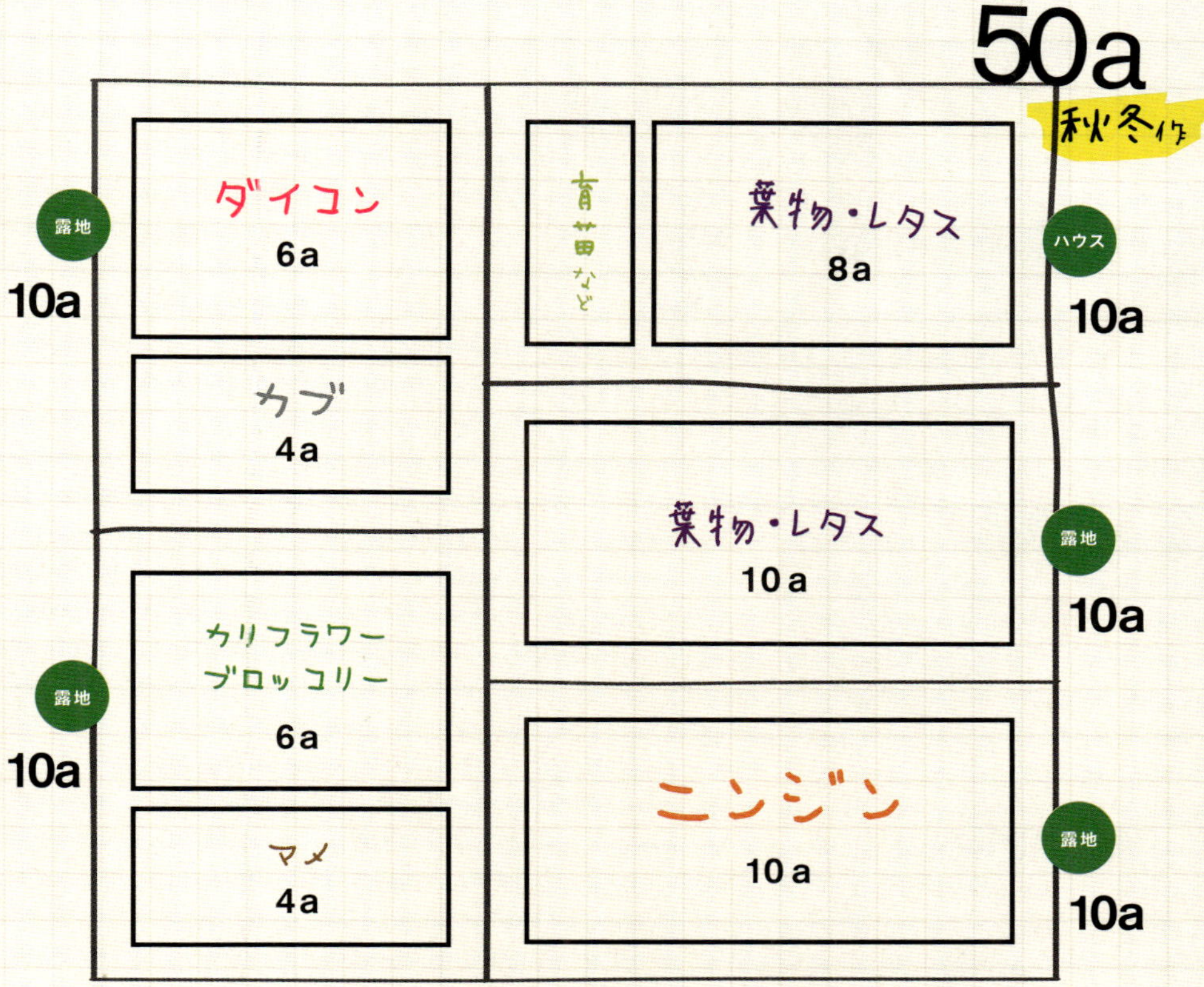

種をリーフ類に絞ってかき菜で収穫します。

マメ類は収穫中の秋ナスの株間に播種します。多品目栽培ならではかもしれませんが、春夏作でまだ収穫できるナスを抜くのももったいないです。多少作が重なる場合は、柔軟に対応するのも多品目栽培のポイントです。

50a 春夏作

初めての多品目栽培で、50aの広さがあると、2人だけでの作業は厳しいかもしれません。とくに春夏作は、生育のスピードが速く、草刈りもあります。酷暑のなか無理して作業を行うと体調を崩してしまう可能性もあります。できれば常時ではなくともパートを頼む、もしくは家族総出で作業を行う前提で話を進めます。

ハウスがあるならトマトの栽培面積を増やしたくなるかもしれませんが、10ａのトマトを収穫するには作業時間が週に2〜3日はかかります。トマトは3ａに抑え、大玉は作らずミニトマト10品種を目標に（できれば30品種ほど）栽培。選別もせず、色や形、味の異なる品種をひと箱にまとめて出荷します。

既存の加温ハウスがある場合には、逆転の発想でトマトの栽培を10〜20ａに広げ、トマトを経営の柱のひとつとした変則的な多品目少量栽培に挑戦することも考えられます。ただし販路を確保できることが前提です。

また人手が十分に回るなら、50ａの広さを活かして、果菜類を増やしましょう。代わりにジャガイモ、サツマイモ、カボチャの栽培面積を減らします。

50a　秋冬作

レタスなどの葉物は、ハウスと露地栽培を並行して行い、秋冬作のメインとします。ハウスでは同時に育苗にも挑戦。2ヵ月ごとに定植し順次収穫。10〜6月頃まで収穫が見込めます。凍結の心配な地域では、露地での葉物栽培は避けましょう。代わりに根菜類を増やします。寒さに強く収穫期間の長いキャベツやダイコン（「紅芯ダイコン」、「ビタミンダイコン」、辛みダイコンなど変わった種類・品種を選ぶ）、ニンジン（パープル、ホワイト、オレンジ、イエローなど様々な色）がよいでしょう。

2月になると育苗やジャガイモの定植が始まるので、収穫が終わったレタスやニンジンの圃場をあけておきます。

1年の流れを経験し、マルシェや直売所で野菜を販売すると、売れる野菜、売りにくい野菜がわかってきます。販路も少しずつ広がってくるでしょう。売れるものは少しずつ増やし、難しいものは思いきって栽培をやめる。2年目に向けて作付計画を立てましょう。翌年も同じ圃場では多品目の意味がありません。ただし極端に1つの品種の栽培面積を増やすと、失敗したときのリスクも大きくなりますので、バランスをみて調整します。

多品目
少量栽培で成功できる!!

4章

栽培の基本

多品目栽培12カ月

コスモファームの作業の流れをご紹介します。

1月

作業

前年末に立てた栽培計画をもとに、新しい1年のスタートです。異常気象や病害虫被害など、農業には想定外のトラブルがつきもの。その被害を最小限に食い止められるのは多品目ならではのメリットです。作業が少々遅れてもあわてず、粛々と作業を継続するよう心がけています。

まずはトマト、ピーマン、ナスなど果菜類の準備を始めます。育苗期間が長いものは1月から播種しなければ間に合いません。ものによっては台木を選び、挿し芽などの作業もします。

春先に出すレタスもハウス内で育苗します。

収穫

レタス、黒キャベツなどの葉物、ダイコン、ニンジンなど根菜類。

2月

作業

1月下旬から2月上旬にジャガイモの圃場の土作りをしておき、2月の中下旬には植え付けをします。

引き続き育苗作業も行います。苗を購入する場合は、前年に発注していた苗について、苗屋さんに発注通りの品種や数量が準備されているか確認します。いざ春になってから、希望していた品種がなかった……となってしまったら、その1作を棒に振ってしまいます。

収穫

レタス、黒キャベツなど葉物の収穫が続きます。特に、コスモファームの高松の圃場は温暖な気候で冬は生長がゆっくりなので、長期間収穫ができます。

また、ダイコンやニンジンなど根菜類も収穫が続きます。

3月

作業

春野菜の播種が始まります。マメ類、ズッキーニなど自分で育苗するものが対象になります。スイートコーンも、この時期に育苗して早植えをすると、アワノメイガの被害を減らすことができます。

ハウスで栽培している果菜類、トマト、ピーマンを定植します。また少し早めですが、4月になると雨が多くなるので（菜種梅雨）、畝立てやマルチがけなど春作の準備を始めておきます。

収穫

カブ、ダイコン、キャベツなど、葉物類がとう立ちしている時期なので菜花として収穫します。根菜類ではニンジン、カブの収穫も続きます。

4月

作業

3〜5月は野菜の端境期にあたります。この時期に野菜を切らさないような工夫が必要です。ニンジン、ラディッシュの種子を少量播いておくのもひとつの方法です。オクラの播種は4月下旬から。

下旬になると霜の心配がなくなるのでナス、キュウリ、カボチャ、マメ類、トマト（露地）の定植を始めます。雨が多くなる時期なので、天候を見て早めに作業を進めておきます。

収穫

レタス、菜花（キャベツ、黒キャベツ、ケールなど）、葉ニンジンの収穫が始まります。

5月

作業

4月にできなかった果菜類があれば、定植作業を続けます。3〜4月に播いた作物が勢いよく生長するので、芽かきや整枝など管理をします。

ナスやインゲンの支柱を立てるのもこの時期です。コスモファームではナスの栽培中、株間にコンパニオンプランツとしてバジルなどのハーブを植えています。ハーブやアーティチョークなどは、わざわざ畝を立てずに、株間や圃場の端に植えるくらいでよいと考えています。

サツマイモの挿し芽をします。

収穫

ハウス内のトマトの収穫が始まります。ソラマメ、インゲン、カボチャ、ズッキーニもとれ始めます。

6月

作業

梅雨のこの時期は天候によって作業が遅れがちになるため、予定を詰め込まないようにしています。

果菜類、根菜類とも樹や葉の様子を見ながら追肥します。

トマトやナス、ピーマンの整枝。病害虫の防除のため、不要な葉をかく作業など、細かい管理をします。

夏場もレタスを栽培する場合、高温期は1ヵ月半ほどで作が終わるので、こまめに育苗をします。

収穫

ジャガイモの収穫が始まります。品目ごとに倉庫に保管し随時出荷します。貯蔵することでデンプンが糖に変わり甘みが増します。ナス、インゲン、オクラ、カボチャ、ハウスのトマト・ピーマンも収穫が続きます。

7月

作業

春夏作の最盛期に入ります。農作業は日中の暑い時間を避けて、早朝、夕方に行います。暑い夏を乗り切るために、体調管理に最も気を使う頃です。

秋冬作の栽培計画を立てます。レタス、キャベツ、カリフラワーなど秋作の苗を苗屋さんに発注します。ハロウィン、クリスマス、正月、結婚式シーズンなど季節のイベントは、野菜の需要にもかかわってきます。栽培計画に盛り込んで、デパートなどからの発注にあわてないよう、品目・品種を揃えて準備をします。

この時期から秋の終わりまで草取りもしなければなりません。

収穫

ナス、インゲン、オクラ、カボチャの収穫を続けます。ハウスのトマト、ピーマンも継続して収穫。

8月

作業

秋冬作に向けて土作りをします。本来は9月から作業に入れば間に合いますが、ここ数年、9月に長雨や集中豪雨が続き思うように作業がはかどりません。耕うん・施肥・畝立て・マルチを張るなど、できることは早めに進めています。夏場の高温期にマルチを張っておけば、土壌消毒にもなります。秋作定植時にマルチに穴を開けます。

お盆過ぎ、ジャガイモの後作としてニンジン、ダイコンの播種。ジャガイモやサツマイモは、来年の春作の種イモを発注しておきます。

収穫

ナス、オクラの収穫最盛期。サツマイモは収穫後半月ほど貯蔵してから出荷します。ハウスのトマト、ピーマンの収穫。

9月

作業

ダイコン、ニンジン、タマネギの播種。キャベツ、ブロッコリー、カリフラワーの定植をします。レタスはマルチをかけて定植します。

9月は雨が多く天候によって作業が遅れる可能性もあります。しかし多品目の場合は野菜の大きさや形にバラつきがあっても問題ありません。多少の遅れは気にせず作業をこなします。

また台風に備えて、強風による倒伏防止、ハウスのバンドの締め直し、排水対策の確認などもしておきます。

収穫

天候によっては圃場に入れない日が続くこともあるこの時期。収穫は最小限に済むよう工夫しています。ナス、オクラの収穫は継続。ハウスのトマト・ピーマンなどの収穫。

10月

作業

ハウスで栽培したトマト・ピーマンの収穫が終わり、片づけ作業をします。時間がかかるので作業計画にきちんと盛り込んでおきましょう。終了後、レタス、キャベツなど葉物野菜の定植にかかります。

露地ではマメ類をナスの株間に直播します。ナスの支柱と枯れ枝をそのままスナップエンドウ、キヌサヤ、ソラマメに利用することで、手間と費用を抑えることができるのです。低温になると花芽分化するので収穫は春に。

この頃、夏の疲れが出て体調を崩すこともあります。家族の体調管理に気を配ります。

収穫

レタスの収穫。間引きしたダイコン、ニンジンやラディッシュの収穫をします。

11月

作業

11～12月にかけて翌年の栽培計画を立てます。特に多品目栽培では、青果物を切らさずに収穫し続けるため、しっかり計画を立てることが大切です。前作の収量や売り上げ、どの品目・品種が売れたかを振り返りながら来作へ向けて計画を立てます。種屋さんと話し、情報を得ることも大切です。

根菜類、ブロッコリーやキャベツなどに追肥します。これからの季節は日が短くなるため、作業時間が限られます。日の出とともに圃場に出て、作業に勤しみましょう。

収穫

キャベツの収穫。レタス、ダイコン、ニンジンの収穫は引き続き。とくに取引先からのリクエストが多いレタス類は、トンネル、ハウス、露地と使い分けながら、夏以外は切らさないよう作付けしていきます。

12月

作業

クリスマス、正月を控えて、契約先からの発注が一気に増える時期です。収穫、出荷作業に追われます。ニンジン、ダイコン、カブ、葉物類など、この時期確実に需要のある品目をタイミングよく収穫できるように調整します。

ソラマメ、スナップ、キヌサヤといったマメ類の播種。タマネギ、ニンニクの定植をします。

春作用の果菜類の苗を苗屋さんに発注します。

収穫

レタス、ダイコン、ニンジンの収穫に追われる時期です。

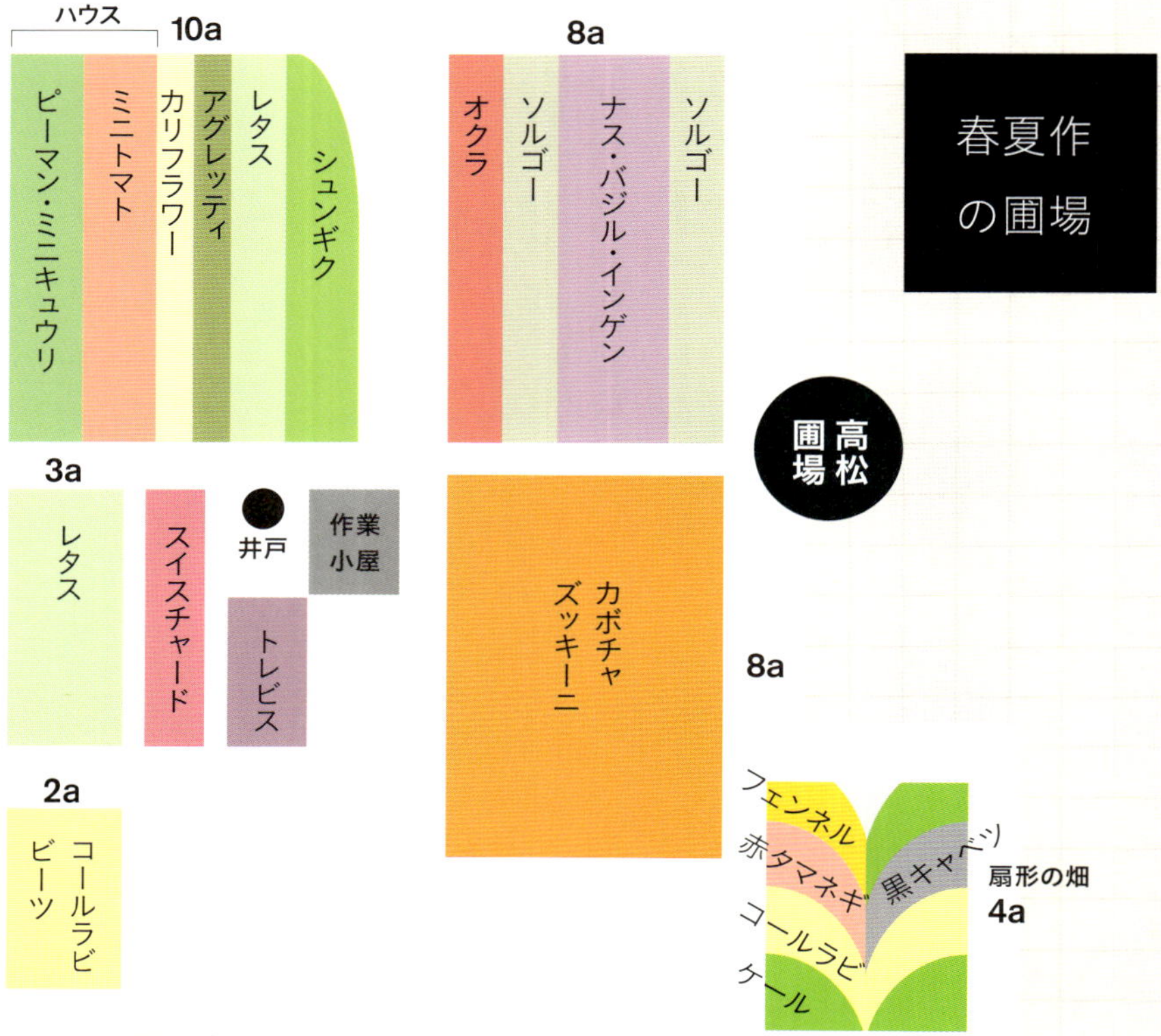

コスモファームの圃場

コスモファームの圃場は高松の自宅周辺に飛び地で点在しています。車で10分ほどの場所にあるのが坂出圃場。塩の会社が保有する、かつて塩田だった圃場で、砂地を利用して根菜類を中心に栽培しています。

車が入れない高松岩井圃場では、葉物のや軽い野菜を栽培。高松圃場は自宅を中心に3ヵ所に分かれており、うち1ヵ所では、キャベツやカブなど重さのある野菜を栽培しています。表通りに面した8aの圃場は、三角形に近い区画のため、あえて扇状に畝を立てて多品種を栽培し、「見せる圃場」にするなど遊びも取り入れています。ハウスは2棟。無加温の手作りハウスで1棟はトマト専用。1棟は葉物、ピーマン、育苗用に使っています。

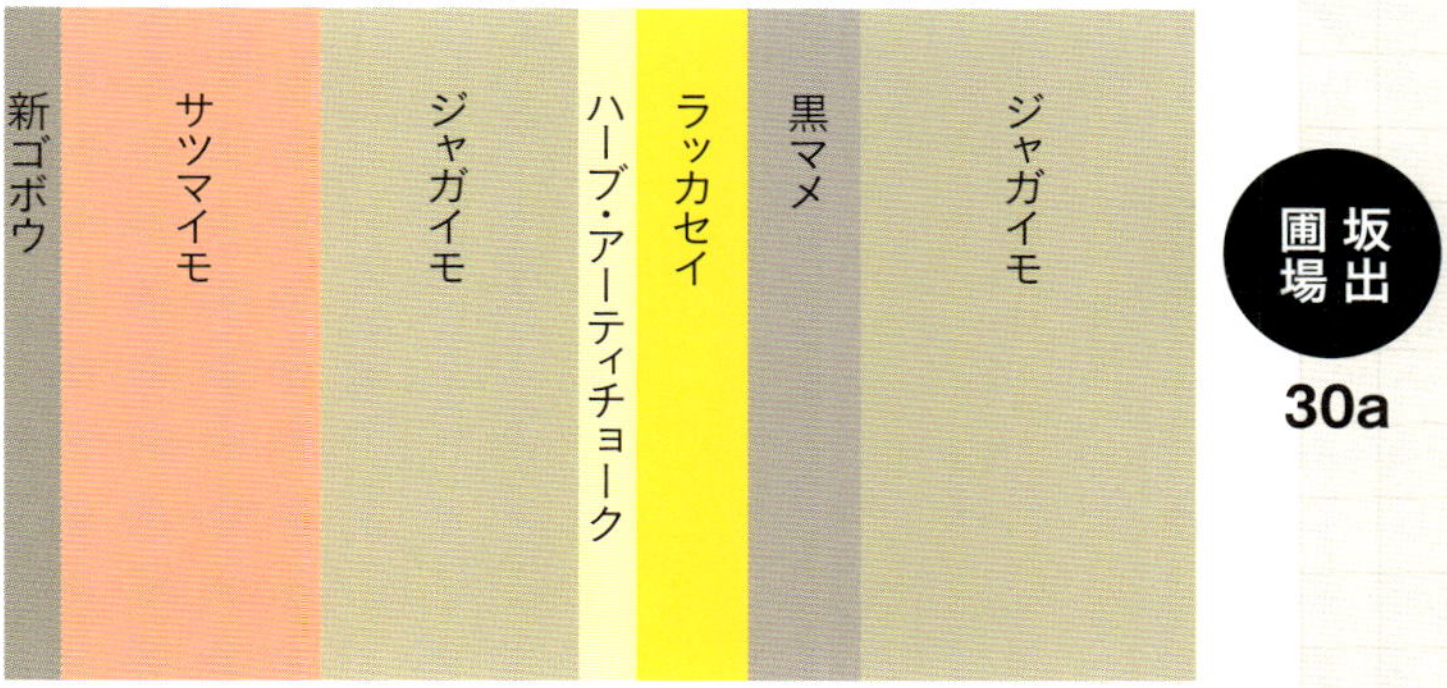

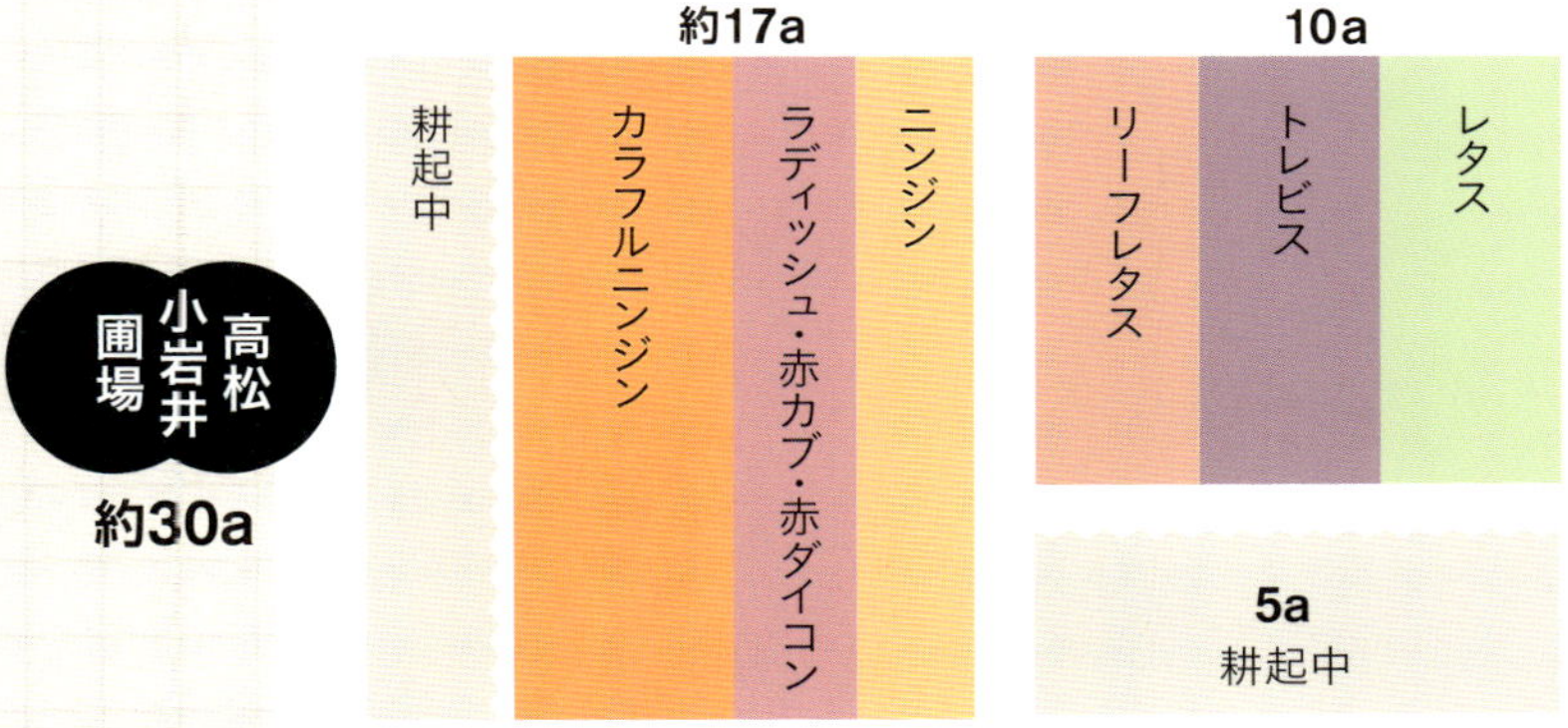

春夏作

高松圃場

ハウス周辺ではレタス類、カリフラワー、アグレッティ（イタリアのオカヒジキ）、スイスチャード、トレビスなどを栽培。「見せる圃場」では、ケール、黒キャベツ等を扇状に植えて野菜ガーデン風にしています。

ソルゴーは防風対策です。最後は土にすき込みます。インゲンにカメムシが集まることで、ナスやオクラの害虫被害が少なくなります。多品目栽培がコンパニオンプランツの役割をしています。

坂出圃場

ダイコン、ニンジン、イモ類などの根菜類は、砂地できれいなものが採れる坂出圃場に集中しています。2～3月に植え付けしたジャガイモは「デストロイヤー」、「シャドークイーン」、「ドラゴンレッド」など10品種ほど。サツマイモは「坂出金時」、「シルクスイート」など味と色にこだわります。アーティチョークは風よけです。

高松岩井圃場

手作業での運搬になるので、ミニニンジン、ラディッシュ、レタス類など軽いものを中心に栽培します。

ハウス2棟のうち1棟は、ミニトマト20品種ほどを栽培します。ベッドはパイプや防草シート、培地で手づくりしています。定植後は潅水チューブで追肥します。もう1棟のハウスでは、9月までピーマン、ミニキュウリを栽培します。

秋冬作

温暖な気候で生育が安定するため、秋冬作がメインとなるコスモファーム。レタス類、トレビスなどを中心に栽培しています。

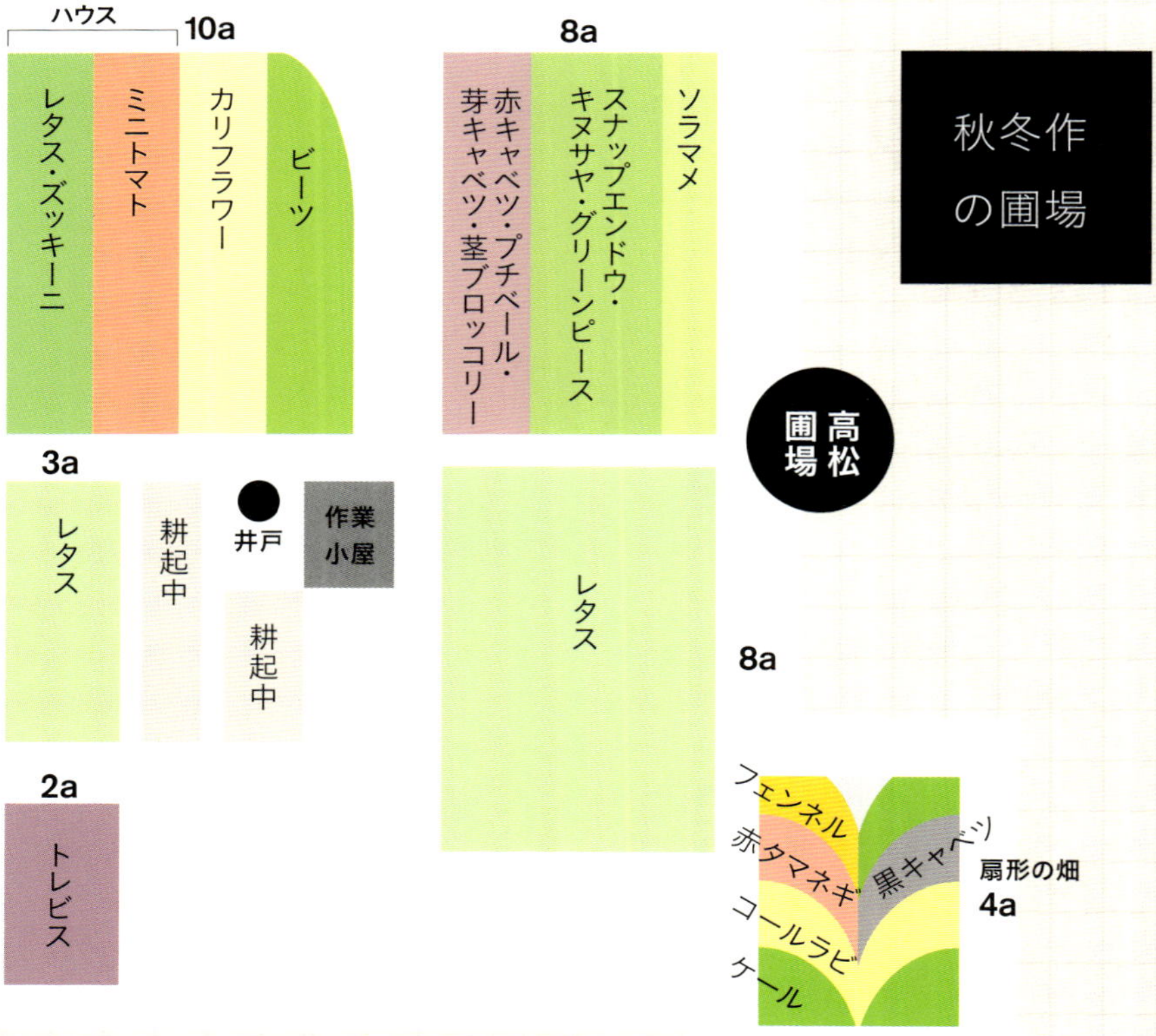

坂出圃場

春夏作に続き、根菜類が中心です。高畝にして定植することで、細く長く肌のきれいな根菜類が育ちます。

高松岩井圃場

キャベツ、レタス、カブ、カリフラワーなど20〜30品種を栽培しています。

高松圃場

トマト専用のハウスでは、11月まで収穫が続きます。ピーマンの後作は、レタスとズッキーニを定植。需要の多い葉物は、ハウスと露地を組み合わせて周年出荷しています。

ゆっくり収穫できる秋冬作では、葉物の栽培がメインになります。扇状に畝立てした「見せる圃場」はそのまま継続。カボチャ類を栽培していた圃場は「ピンクロッサ」「ロロロッサ」など、コスモファームの定番レタス類を定植。かき菜で収穫します。春夏作でナスを栽培した圃場では、支柱もナスの枯れ枝も片付けず、株間に秋播きのマメ類を播種。枯れ枝を支柱代わりに利用します。

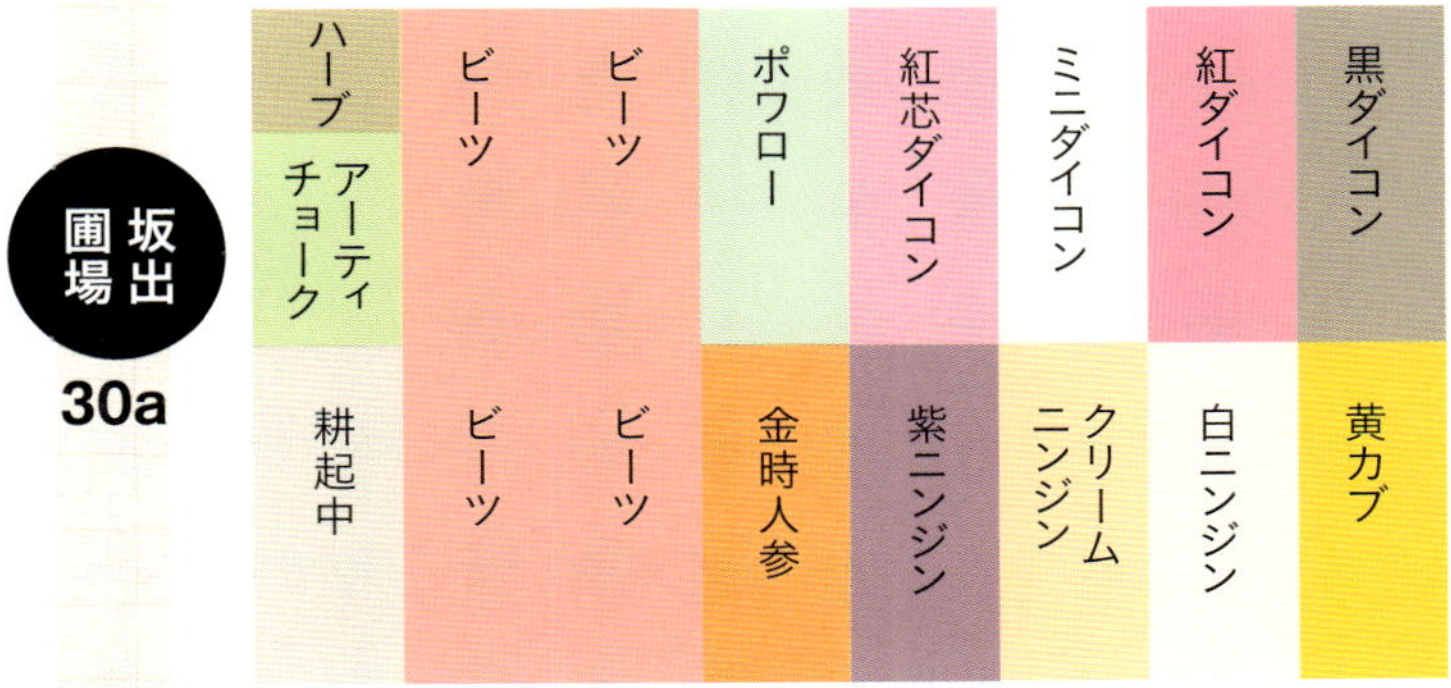

ソルゴーに代わって、ファーベ（イタリアのソラマメ）、キャベツなどを栽培しています。

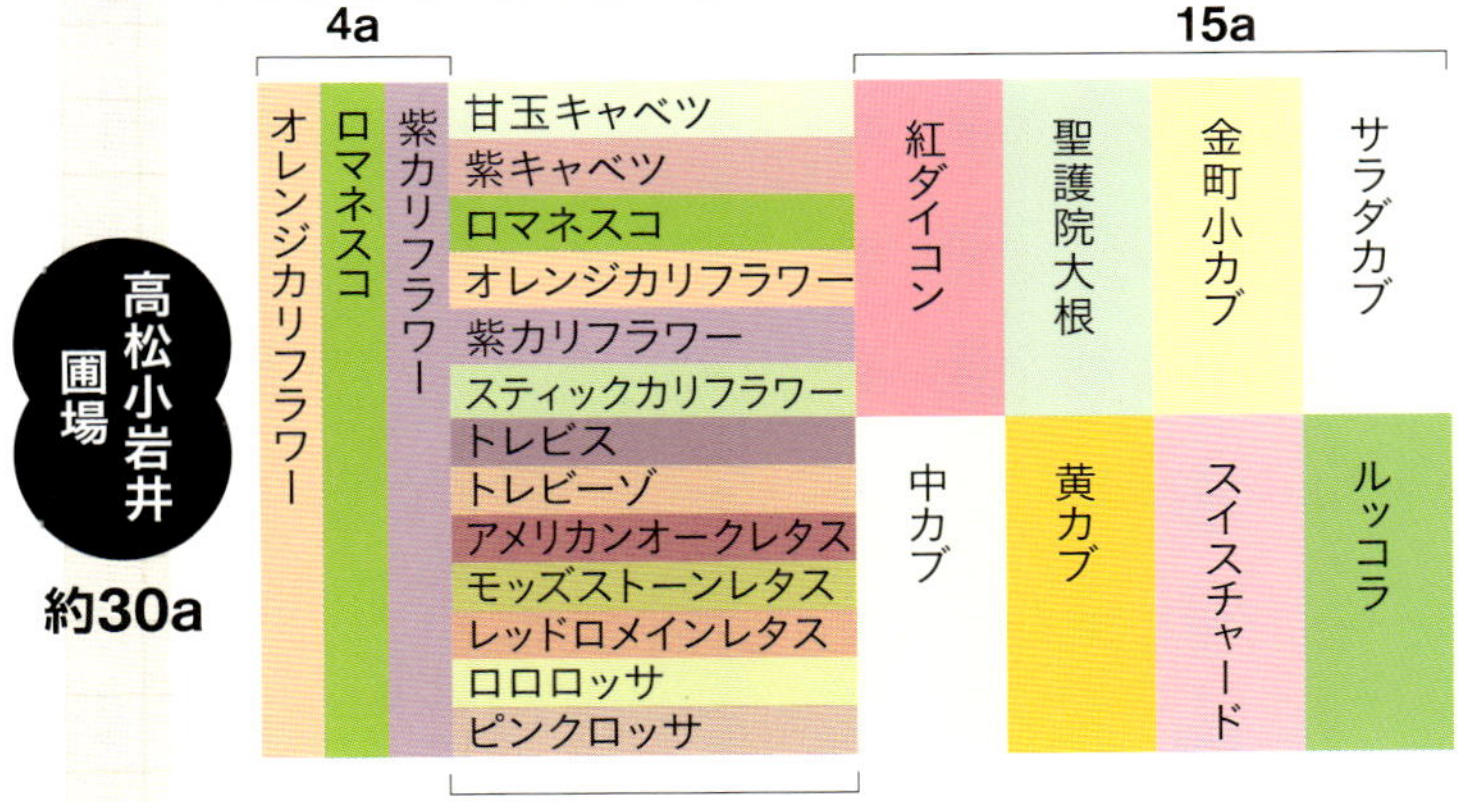

栽培・品種のヒント

コスモファームで取り組んでいる栽培方法や品種選びのポイントをご紹介します。

トマト

トマトの栽培は近年、1~8 haという大型のハウスで周年出荷をする専業農家が増えています。確かにトマトの需要が1年中あれば、それに応えたくなりますが、大きな設備投資が必要です。多品目少量生産の場合、トマトのハウスは収穫や出荷調整作業を考えると、多くても3~4aが妥当ではないかと思います。

もし、加温ハウスを持つことができるならば、多品目栽培ともう1つの柱として10~20a規模でトマトを栽培する、という考え方もあります。

コスモファームでは、春夏の栽培期間でトマトを40~50品種ほど栽培しています。大玉は作らず、ミニトマトを中心に大きさ、形、色、食感、甘味酸味など、できるだけバラエティ豊かになるよう計画を立てます。

通常は、1月下旬に播種。3月中旬定植。5月~11月まで収穫します。コスモファームでは苗を購入しています。2017年は、少し遅めの4月初旬に定植しました。

以前は土耕栽培でしたが、2016年から養液土耕栽培に切り替え、追肥は潅水時、4~5日おきに行っています。また天井の低いビニルハウスなので、斜めに誘引し、できるだけ長く収穫できるように工夫しています。

追肥（液肥）の割合は200~500倍に薄めて（窒素：6、リン酸：4、カリウム：6）。土耕で栽培する場合も、

トマトのハウス内。養液栽培のベッドはパイプとシート、培地で手作り。

「CFネネ」は単為結果性品種。

「イエローミミ」は食味も良い黄色いミニトマト。

月に1回ほど液肥を入れています。

また出荷の際に細かい選果はせず、1箱に1kgといった形で調整作業はできるだけシンプルになるようにしています。

トマトには2つのタイプがあり、赤系トマトとピンク系トマトにわかれます。日本で出回っているのはほとんどがピンク系トマト。完熟すると柔らかくなるので夏場は青いうちに収穫し、販売店に並ぶ頃真っ赤になるよう調整します。しかし、樹で完熟までおかれたトマトのおいしさには、青いうちに収穫したものはかないません。

ただ、トマトは甘ければよいというものではありません。水や肥料を抑えれば糖度は上がりますが、収量もかなり減ります。様々なトマトの上手な利用法を伝えることも、多品目少量栽培の使命かもしれません。

以前は土耕で栽培していました。その場合、2月播種、5月定植、7～10月が収穫となります。昨年よりハウスで養液土耕栽培に切り替えたので、1月下旬に播種、3月中旬定植、5～11月まで収穫するようになりました。育苗はできる範囲で行いますが、ほとんどは苗屋さんから購入しています。

主な栽培品種・種類

「アイコ」
「イエローミミ」
「グリーンミニ」
「プチぷよ」
「チョコレートチェリー」
「オレンジパルチェ」
「レッドオーレ」
「イエローオーレ」
「CFネネ」
「グリーンゼブラ」
「レッドゼブラ」
「サンマルツァーノ」

ナス

コスモファームでは、「賀茂ナス」、水ナスなど味の良さで知られる日本のナスと、イタリアを中心とした海外のナスを各品種30本ほど栽培します。一般的な千両ナスは作りません。

賀茂ナスは何十年も専業で栽培している農家があり、技術的にはとてもかないません。しかし市場ではかなり高い単価で取引されているため、和食の料理人がコスモファームに買いに来ることも多いのです。取引があれば、1本からの注文にも対応できますし、B品の注文にも応えるので、シェフとしても使い勝手がいいのでしょう。

ナスは夏場のマルシェの定番野菜で、緑の「ヒスイナス」、白ナスの「クララ」、ゼブラ柄の「フェアリーテイル」などさまざまな色と形を揃え、美しく飾りつけます。必ず足を止めてもらえますので、ぜひマルシェで実践してみてください。

1月下旬に播種。定植は4月中旬。収穫時期は6月中旬から10月中旬と長くとっています。規格を決めていないので、多少の大小は問題ないため、収穫も1日おきで間に合います。元肥（10a）は鶏ふん200kg、窒素、リン酸、カリウムをそれぞれ100kg。追肥は液肥（窒素10：リン酸4：カリウム6）を200～500倍に薄めて、潅水で与えます。

追肥の目安は、葉色があせてきたら液肥を潅水で与えていきます。肥料の過不足には敏感なので、切らさず与えすぎず、樹の様子をしっかり観察しましょう。

またナスの発芽適温は23～27℃。生育適温は22～30℃。寒さには弱い高温性野菜です。ナスが終わっても支柱はそのままにして、豆類に使用します。栽培面積は作業人数が2人ならば、管理を考えて5～8aが理想です。

ナスの圃場。支柱は秋冬作のマメでも利用する。

収穫したナス等。品種を多く作ることで、マルシェでも注目を引き、レストランでも喜ばれる。

主な栽培品種・種類

「クララ」
「リスターダデガンディア」
「ヒスイナス」
「フェアリーテイル」
「ヴィオレッタ」
「マクアポ」
「ふわとろナス」
「ロッサビアンコ」
「三豊ナス」
白長ナス

白ナス。品種は各種苗メーカーから出ているもので、栽培しやすいものを選んでいる。最近では白長ナスなども人気。

「リスターダデガンディア」はイタリアの品種。紫に白い模様が美しく、肉厚なのが特徴。

「フェアリーテイル」はゼブラ模様のイタリアの品種。アメリカの「オールアメリカンセレクション2005」において入賞した品種。

白ナスとともに、最近注目されている緑長ナス。直売やマルシェなどと相性がいい。

京都の伝統野菜「賀茂ナス」。丸ナスで、果肉はかたくしまり、歯ごたえが良い。

海外にはちょっと変わったナスもある。定番ではないが、目先を変えたいときに栽培する。

キュウリ

長さが一定でまっすぐ、色つやがあり、適度にイボがある。これが市場の考える「良いキュウリ」のイメージでしょう。コスモファームでは、あえてそんなイメージとまったく違うキュウリを栽培しています。

長さが30㎝以上もあり、イボが棘のような四葉キュウリ。昔ながらの四川キュウリ、半白キュウリ、中東のミニキュウリ（「ラリーノ」）、加賀の伝統野菜「加賀太キュウリ」。丸いローマキュウリ、リンゴ型のアップルキュウリなど。

どれも栽培方法は一般的なキュウリと一緒ですが、品種を変えることで差別化商品になります。以前はハウスで栽培していましたが、現在は露地栽培をしています。

3月上旬播種。4月下旬定植。5月～7月収穫。元肥は10ａに対して苦土石灰１００kg、窒素、リン酸、カリウム各10kg。追肥は液肥です。肥料切れに注意します。

四葉系キュウリは食味も良く人気がある。

主な栽培品種・種類

「ラリーノ」
アップルキュウリ
ローマキュウリ
四葉キュウリ
ヘビ瓜

ピーマン・トウガラシ

１個30ｇの青いピーマンが５個入って１５０ｇ。これが日本の一般的なピーマンですが、私個人としてはとてもおいしいと思えません。青いうちに収穫すれば樹が疲れないで長く収穫できるという生産者側の都合もうかがえます。しかし、完熟したピーマンのおいしさは格別です。

多品目栽培では、１つの品目でもたくさんの品種を栽培します。ピーマンで変わったものといえば、バナナピーマンです。その名の通りバナナのような形をしており、果実の色が緑→クリーム→黄色→オレンジ→赤へと変化します。

ピーマンは土耕で栽培すると連作障害を起こしやすい品目です。コスモファームでは試行錯誤の結果、コンテナでピートモスを使用。養液栽培を行っています。pHが酸性に傾きやすいので、元肥で苦土石灰を入れます。

1月下旬播種、4月初旬定植、収穫は5~10月まで長く収穫します。

[上] 辛みが特徴のハラペーニョ。

[下] 甘長トウガラシは辛みが少ないトウガラシ。

主な栽培品種・種類

- 「ホルンピーマン」（赤・黄）
- ミニパプリカ（白・茶色・黄色・オレンジ・赤）
- カラーピーマン（赤・黄色・オレンジ）
- 万願寺トウガラシ
- 伏見甘長トウガラシ（緑・赤）

オクラ

多品目少量栽培を始める以前、最初に取り組んだ野菜がオクラです。当時の栽培面積は30a。毎日収穫し、サイズ分けしてから市場へ出荷していました。しかし最盛期の価格はひと袋5円。この価格ではとても収益は見込めません。

この頃から「どうすれば収入に結びつくか」、自身の農業スタイルについて真剣に考えるようになりました。その結果、実行に踏み切ったのが、「最盛期の安い時期に、草刈り機で樹を倒してしまう」という方法です。

そこから樹が復活して成り始めるまでに1ヵ月。ちょうど他の樹が成り疲れた頃に収穫を再開します。

島オクラ（丸オクラ）、「スターオブデイビッド」、白オクラなど多品種栽培を意識してから面白くなった野菜のひとつです。オクラの花は、美しく、レストランのシェフからの注文が多いのです。

現在の栽培面積は5a。4月播種、6~10月中旬まで収穫。耕うん後、畝を高めに立ててマルチをかけます。

連作すると、根にネコブセンチュウが寄生することがあるので、避けましょう。

オクラは普通の緑だけでなく、赤いオクラも栽培する。

主な栽培品種・種類

- 丸オクラ（緑・赤）
- 「スターオブデイビッド」

カボチャ・ズッキーニ

カボチャは大きく3種類に分けられます。昔から日本で栽培されている日本カボチャ。現在の主流である西洋カボチャ、ズッキーニなど変わり種の多い「ペポカボチャ」です。

醤油と砂糖で甘く煮含めるのが一般的な食べ方だった時代には、煮崩れしにくい日本カボチャがほとんどでした。しかし、現在では「えびす」、「みやこ」、「くりゆたか」など甘みの強い黒皮栗カボチャ（西洋カボチャ）が市場の主流になっています。

コスモファームが栽培しているのは、西洋カボチャの中でも見た目が特徴的な「ロロン」「ながちゃん」「コリンキー」。北米・ヨーロッパで出回っているペポカボチャの、そうめんカボチャ、ズッキーニなど。ひと癖あるカボチャが中心です。

サラダ向きのものや、見た目に可愛らしい品種はレストランからの注文が多く、とくにズッキーニはよく出ます。最近は丸や黄色など様々な品種が揃っています。一見栽培が簡単そうに見えるズッキーニですが、意外に難しい野菜で、乾燥させるとアブラムシがつき病気になりやすく、全滅することがあります。できるだけ農薬は使わないことにしていますが、乾燥が続いた場合は少しだけ使うこともあります。

また、先出しを考えて早く定植する場合は、交配するハチが少ないため自ら交配する必要があります。

3月下旬播種、4月下旬定植、6月から一斉収穫。基本は春作ですが、コスモファームでは9月播種、10～12月収穫も行っています。元肥は10aに対して苦土石灰100kg。窒素、リン酸、カリウム各100kg。

全品種合わせて60～70本収穫を目指します。秋冬作が中心のコスモファームにとって、春から夏にかけて収穫し保存がきくカボチャは、なくてはならない品目です。

主な栽培品種・種類

カボチャ

- バターナッツ
- そうめんカボチャ
- 宿儺カボチャ（「ながちゃん」）
- 「コリンキー」
- 「坊ちゃんカボチャ」
- 「ロロン」

ズッキーニ

- 丸ズッキーニ
- フレンチズッキーニ
- 「ダイナー」（緑・黄）
- 「トロンボンチーノ」

見た目もユニークなバターナッツカボチャ。直売所でもよく見かけるようになった。

坊ちゃんカボチャ。栽培面積を増やす場合、手間のかからないカボチャ類を増やす。

丸ズッキーニ。ズッキーニも変わった形のものを作っている。

西洋カボチャ「プッチーニ」はおもちゃのようなミニサイズのカボチャ。手のひらサイズでマルシェでの親和性が高い。

黄色いズッキーニ。売り先によって、収穫する大きさを調整する。

ズッキーニの花も需要がある。出荷できるタイミングは限られるが、レストランからのリクエスト多数。

写真はイスラエルのズッキーニ。ゼブラ模様が美しい。

マメ類

マメ類は、乾燥して貯蔵がきく大豆やインゲンは穀類、未熟な状態で収穫されるものは野菜として扱われます。乾燥した大豆は穀類で、未熟な状態のエダマメなら野菜、というわけです。

穀物としてのマメ類は、栽培したところで規模も収穫量も北海道や海外の広大な農場にかないません。コスモファームでは野菜として扱うものに絞って生産していますが、それでもかなりの品種になります。

マメ類は単価が高く、需要もある強力なラインナップですが、収穫には手間がかかります。また温度に敏感で、冷涼性野菜に属するキヌサヤ、スナップエンドウなどは、5月後半には収穫が終わってしまいます。ちなみにさやを食べるのがキヌサヤ、さやとマメを一緒に食べるのがスナップエンドウで、マメだけを食べるのがグリーンピースです。

またソラマメは日本の場合完熟したものが好まれますが、欧米では未熟なものが人気です。実際食べてみるとみずみずしく、レストランからも若いソラマメの注文がよく入ります。同じようにスナップエンドウも、あまり実が入らないものが好まれますが、しっかりマメが入ったものも甘いことがわかります。一般的ではない収穫方法も多品目少量栽培だからこそできること。少量ならリスクは少ないのでどんどん新しいことに挑戦しましょう。

さらにコスモファームでは、海外の品種や、つるなし、つるありなどを組み合わせることによって収穫期間を長くし、レストランなどでメニューを組みやすいような作付けを考えています。

マメ類は、ナスの栽培が終わったら、支柱をそのままにして、ナスの株間に播種します（10～11月）。育苗ができるならば、苗を作っておいてもよいで

キヌサヤの圃場。

一般的なキヌサヤ。

しょう。低温に当たってから花芽分化（発芽後、葉や茎を大きく成長させ、生殖のための花になる芽を作ること）するので、秋に播いて春（6月）に収穫します。追肥はしません。

根粒菌による窒素固定（空気中の窒素を有機物にする力。マメ科の植物の根につく根粒菌が窒素固定の力を持っている）。土壌消毒をすると根粒菌がいなくなり味が落ちるので、できるだけ農薬は使いません。

深い色が美しい、紫インゲン。

斑入りの紫インゲン。見た目が変わっているため、マルシェでは大人気。あっという間に完売する。

インゲンはある程度マメが成長したほうが食味が良い。

十六ササゲはアフリカ原産の長いササゲ。やわらかく食味が良い。

主な栽培品種・種類

丹波の黒豆	三尺ササゲ
つるなしインゲン	ソラマメ（「ファーベ」）
つるありインゲン	ラッカセイ（「おおまさり」、「千葉半立」）
コウシマメ	
紫インゲン	
斑インゲン	
シカクマメ	

カブ

カブは『日本書紀』にも記載があるほど、古くから日本の農産物として根付いてきた野菜です。大きく東洋型と西洋型に分けられ、関ケ原を境に西日本では東洋型、東日本では西洋型と、はっきり分布が分かれています。

コスモファームでは、もちろん分布にこだわることなく、味・色・形のバリエーションと売り先を考えて、栽培計画を立てています。江戸東京野菜に認定されている「金町小カブ」、ピンク色の果肉が美しい「モモのすけ」、黄カブ、赤カブ。イタリアの「チーマディバラ」はカブの仲間ですが12～3月まで菜花専用として栽培しています。

9月播種ですが、11月頃まで順次播いていきます。10月～3月収穫。元

黄金カブは西洋カブの一種で、皮が黄金色をしている。スープや煮込みに合う。間引きの小さいサイズから中カブまで長い間収穫・出荷する。

ラディッシュは播種から収穫までが早いので、新規就農したときは最初に播くことをお勧めしている野菜。

ラディッシュはサイズも色も様々。品種をたくさん播く。

肥は10aに対して苦土石灰100kg、窒素、リン酸、カリウムともに100kg。

主な栽培品種・種類

- 中カブ
- 大カブ
- 赤カブ
- 黄カブ
- 「金町小カブ」
- 「あやめ雪」
- 「もものすけ」

ダイコン

日本人のイメージするダイコンといえば、白くてまっすぐな青首ダイコンでしょう。しかしこの青首ダイコン、丹精込めて作っても、一般小売で単価は150円。生産者の販売価格はその半分の70円にしかなりません。1kg70円では宅配便を使ったら足が出てしまいます。

狭い圃場で儲けを出すなら、300～500gに対して200～500円になるようなダイコンを作らなければなりません。そのためには、珍しい品種、高級感のある品種を作ることです。たとえばレストランの前菜やサラダ、メインの付け合わせに少量使うだけで映えるような品種を栽培するのがいいでしょう。

ここ数年は、イタリアやスペインの黒ダイコン、辛みダイコン、「ビタミンダイコン」など、食べ方＋機能性に特長のある品種を選ぶようにしています。ラディッシュや葉ダイコンは栽培期間が短く、通年で収穫が可能、レストランからの注文も多いので外せないアイテムです。

以前は日本各地の伝統野菜、「桜島ダイコン」や「三浦ダイコン」なども栽培していましたが、大型品種は送料などが高くつくので難しく、今はあまり作っていません。
栽培は、8月下旬播種。11月～2月下旬収穫。このスケジュールが、一般的で無理のない栽培方法です。

主な栽培品種・種類

黒丸ダイコン
黒長ダイコン
聖護院ダイコン
ネズミダイコン
葉ダイコン
「紅しぐれ」
「ビタミンダイコン」
「紅くるり」

ダイコンも色や食味が品種によって大きく違う。多品目栽培では変わった品種をどれだけ用意するかが成功の鍵。

青長ダイコンは上部が緑で中も緑のダイコン。青長ダイコン、ビタミンダイコンといった名称で各社から発売されている。固定種。

黒丸ダイコン。ヨーロッパ原産の黒いダイコン。黒いのは皮だけで、中は白い。やや辛みがある。

栄養価が高く注目されている紅芯ダイコン。写真は「北京水大根」。

ニンジン

βカロテンが豊富でキャロットの語源にもなっているニンジン。消費量も多く、コスモファームにとっても重要な野菜です。旬は秋から冬にかけてですが、通年人気があり、レストランでも常に注文があります。コスモファームの圃場では、8月下旬播種で、10月から葉ニンジンの収穫、出荷が始まります。

葉ニンジンに続いて→間引きニンジン→ミニニンジン→ニンジンと移行。ここに白、クリーム、黄、オレンジ、赤、黒など様々な品種を組み合わせることで、より差別化を図ることができます。大きくなりすぎて割れたものは、ピクルスなどの加工に回します。

今年初めて春ニンジンに挑戦しましたが、問題なく収穫できました。旬を意識しながら、より長い期間出荷できるようになれば、レストランの需要も増えるでしょう。

圃場はサツマイモのあとを利用しています。コスモファーム坂出圃場は、塩の会社が保有する塩田跡地。砂地で水はけのよい土壌は、根菜類の栽培に向いていています。そこで砂地土壌を活かし、畝を一般より高くしてより長いニンジンを栽培しています。

8月播種。10aに対して元肥はすべて15kg。追肥はしません。気温が下がってくると、追肥をしてもあまり効果が得られないからです。12〜2月収穫。

カラフルなニンジン。
写真は「ハーモニーシリーズ」。

中まで赤く、食味が良い「ひとみ5寸」。

主な栽培品種・種類

- 「ハーモニーシリーズ」（パープル、ホワイト、オレンジ、イエロー）
- 「金美ニンジン」
- 「金時ニンジン」
- 「ピッコリニンジン」
- 「ベーターリッチ」
- 「ひとみ５寸」

ジャガイモ

コスモファームでは、「男爵」や「メイクイーン」は栽培しません。北海道のような広大な土地で、大型機械を入れて無選別で収穫するのなら、1kgあたり60円という価格でも成立しますが、狭い圃場や傾斜地ではとても成り立たないからです。

しかし品目的には、2〜3月に定植したあと大した手間がかからず6月に収穫できるジャガイモは、ぜひ取り入れたい野菜の筆頭です。かなり面白いものもあれば、期待ほどではないものもあり、これればかりは作ってみなければわかりません。

２０１7年は10品種に絞り込んで栽培しました。「シャドークイーン」は皮も果肉も濃い紫色で調理しても色が変わりません。「ドラゴンレッド」

は果肉が赤く、火を入れるときれいな薄紫色になります。ともにアントシアニンを多く含んでいます。

マルシェで昨年人気があったのが、「デストロイヤー」です。販売価格は1kg500〜600円とかなり高値を付けましたが、ほぼ売り切れました。サツマイモやクリのような甘みが特徴で、やはり味の良いものは売れるのだと実感しました。冷蔵庫に入れる必要もなく、差別化が図れる品目としてもってこいです。

肥料は元肥として10aに対して鶏ふん300kg、窒素、リン酸、カリウム各100kg。

ジャガイモの発芽適温は一般的に15〜20℃。生育適温は15〜24℃といわれます。25℃を超えると休眠状態に入り上部が枯れてきます。この直前が収穫のポイント。それより早く収穫すると未熟です。

主な栽培品種・種類

「レッドムーン」
「ドラゴンレッド」（西海31号）
「グランドペチカ」
「インカのめざめ」
「インカルージュ」
「インカのひとみ」
「レッドカリスマ」
「シャドークイーン」

「はるか」
「シェリー」
「ノーザンルビー」
「ジョアンナ」
「ジャガキッズレッド」
「ジャガキッズパープル」
「アンデスレッド」

「出島」
「タワラムラサキ」
「ベニアカリ」
「タワラヨーデル」
「あかね風」
「早生シロ」
「ピルカ」
「ディンキー」
「キタアカリ」

「とうや」
「十勝こがね」
「さやか」
「チェルシー」
「シンシア」
「源平イモ」

販売時は品種の特徴を説明したカードをつける。

左から右回りで「シャドークイーン」、「デストロイヤー」、「ドラゴンレッド」の切り口。色鮮やかで6〜7月のマルシェで大人気。

左から「デストロイヤー」、「ドラゴンレッド」、「シャドークイーン」。

サツマイモ

食糧難の時代に命を支え、お酒の原料にもなっているサツマイモですが、最近ではβカロテンが多いことから、細胞の老化防止などが期待されている野菜です。

宮崎、鹿児島、茨城、千葉などサツマイモの大産地はいくつかあり、中でも四国の「鳴門金時」は別格で扱われています。「鳴門金時」に勝てるとは思いませんが、コスモファームでも敢えて狭い農地（10ａ）でのサツマイモ栽培に挑戦しています。

品種選びは、機能性と色に特化しています。「パープルスイートロード」は紫イモの代表格で、アントシアニンを多く含み、色は過熱してもほとんど変わりません。「シルクスイート」は名前の通りなめらかな口当たりと甘みが特徴。「紅はるか」は糖度50度という甘みの強い紅芋で、「安納芋」に比べると水分が多くしっとりとした食感を味わえます。

βカロテンのほかにも食物繊維はジャガイモの2倍、ビタミンCはリンゴの6倍、カリウム、マグネシウム、ミネラル類も含む機能性野菜です。

コスモファームでは、ジャガイモ同様大量に栽培することはせず、レストランとマルシェで売り切れるだけの量を栽培します。他の野菜とセットにして販売したところ「鳴門金時」とほぼ同じ単価で販売することができました。

土作りは、耕うんし、10ａに対して苦土石灰100kg、鶏ふん200kg、有機配合100kgを入れ、畝を立てます。5月に差し芽。発根して活着したら、つるぼけしないように注意しながら、少量ずつ追肥を5回ほど繰り返します。

肥料は回数を多くすれば1回の量が少なくて済み、結果的に全体量も減らせます。環境や野菜のことを考えて、手間を惜しまないで頑張りましょう。

「シルクスイート」は甘くなめらかな食感が人気。確実に苗を入手するため、苗屋さんに早めに注文しておく。

主な栽培品種・種類

「坂出金時」

「パープルスイートロード」

「安納芋」

「紅こまち」

「紅はるか」

「シルクスイート」

ネギ・タマネギ・ネギ科の野菜

ネギはコスモファームでわざわざ作る必要がない野菜ですが、レストランからの注文が入るポワロー種だけは栽培しています。太くて重い西洋ネギで、高級スーパーでしか見かけない価格も高めのもの。これを若採り（小さいうちに収穫）して使いやすいサイズと価格にしたものを『ポワロージェンヌ』と名前をつけて出しています。6月播種で、10〜12月収穫です。

タマネギも、専門農家には栽培技術も出荷量もかないませんので、コスモファームでは、赤タマネギと葉タマネギを栽培しています。

主な栽培品種・種類

- 赤タマネギ
- 葉タマネギ
- リーキ
- ワケギ

葉物・ビーツ

ホウレンソウやコマツナは、都市近郊野菜として地位を確立してきました。鮮度が重要な葉物は、昔から夜中に収穫して自分で都市部に運ぶ。都市近郊型農業の強みです。

しかし都市部の地価高騰やインフラの整備により、地方からでも葉物が新鮮な状態で届くようになり、都市近郊型農業のメリットは薄れつつあります。

コスモファームが取り組んでいるのは、レタスブーケに入れるスイスチャード。品種改良をしていない日本ホウレンソウの2品種です。味は抜群の日本ホウレンソウですが、見た目に大きな特徴があるわけではないのが難しいところ。扱うのなら、試食や商品説明などを地道に行うしかありません。スイスチャードは通年、日本ホウレンソウは10月播種。11〜3月収穫。

ホウレンソウと同じアカザ科に属する野菜にビーツがあります。「野菜の点滴」といわれるほど栄養価が高く、渦巻きビーツなど見た目も可愛らしいのが特徴です。

ただし料理に時間がかかるのが難点で、海外では茹でたものを真空パックにして売っているのを見かけます。日本でも、青果のまま販売するのではなく、6次化を視野に入れてみると面白いかもしれません。2月、10月播種。7月、5月収穫です。

主な栽培品種・種類

ホウレンソウ

- スイスチャード
- 日本ホウレンソウ
- ルバーブ

ビーツ

- ビーツ（「デトロイト」、「ゴールデンビーツ」）
- 渦巻きビーツ

キャベツ・カリフラワー（アブラナ科）

キャベツのような大型野菜は宅配便対応には向きません。また、マルシェに来るお客さんは徒歩や電車利用の人が多いので、マルシェ中心に売り先を考えるなら、大型野菜の栽培は避けたほうが無難でしょう。

しかし直売所なら、ほとんどのお客さんが車で来店します。ここではスーパーなどより安く購入できるキャベツやハクサイは人気商品。どこに販路を持つかにより、栽培作物も変わってくるということです。圃場が比較的広い場合は、手間のかからないキャベツと多品目をうまく組み合わせることで無理のない経営ができます。

キャベツの仲間は多岐にわたっています。結球しないケールから、長い年月をかけて日持ちの良い結球キャベツができあがりました。つぼみだけを栽培するブロッコリーやカリフラワー。芽を利用する芽キャベツやプチベール。葉ではなく茎を利用するカイラン、コールラビ。カイランとブロッコリーを掛け合わせたスティックセニョールなど、品種というより、キャベツの中に多くの品目が存在するようになってきました。

栽培は、10月の収穫を目指すなら7月播種。リスクの分散を考えて今挙げた「長く収穫の続くもの」を組み合わせましょう。10aに対して、元肥は鶏ふん200kg、苦土石灰100kg。窒素、リン酸、カリウム各20kg。追肥はしません。

主な栽培品種・種類

「スティックセニョール」
「ロマネスコ」
カリフラワー（白・オレンジ・紫）
ケール
サボイキャベツ

ケール「キッチン」は、ベビーリーフ感覚で使えるケール。

カリフラワーは、紫、白、緑等、様々な色を栽培する。

紫キャベツは一般的なキャベツより小ぶりで葉色が紫色をしている。

サボイキャベツはフランスで作られた縮緬キャベツ。

カリフラワーの一種「ロマネスコ」。この数年で一般的に定着してきた。フラクタル形態の花蕾が特徴。

「シューフリーゼ」はヨーロッパの在来種で、縮緬状の結球キャベツ。コスモファームでは結球させずに、かき菜で長く収穫する。

ハーブ

最初に言っておきますが、ハーブはそんなに売れません。かといって注文がないわけではなく、レストランからは周年で注文が入ります。

小さな圃場の空いている場所に、栽培しておくといいでしょう。コスモファームでは、バジル類、ミント類のほかにローズマリー、タイム、セージ、フェンネルなどの定番を栽培。コンパニオンプランツとしてナスの株間にバジルを植えて虫除けにしています。

パクチーも作っていますが、にわかにブームになり、最近では加工品にも使われるようになってきました。加工の需要が増えると生産量は一気に拡大しますが、価格は下がってしまいます。人気があるからと安易に栽培量を増やしてはいけません。

主な栽培品種・種類

バジル	ローズマリー
ダークオパールバジル	タイム
ブッシュバジル	セージ
ホーリーバジル	パクチー
ミント	フェンネル
スペアミント	ディル
アップルミント	イタリアンパセリ
グレープフルーツミント	ナスタチウム

ダークオパールバジル（赤バジル）。ナスの株間にコンパニオンプランツとして栽培する。

ブッシュバジルは一般的なスイートバジルに比べ、葉が細かく香りも強いバジル。

レタス

香川県内にもレタスの産地がありますが、すべて玉レタスで出荷をしています。コスモファームでのレタス栽培は、半結球で出荷するのはトレビスくらいで、他はすべてかき菜で収穫しています。

色がカラフルで珍しさもあり、味も良い、という品種を選んで栽培しています。これらの葉を透明のビニール袋に1枚ずつ並べ、野菜の花や季節によってはニンジンの抜き菜などを添えて、レタスブーケセットが完成します。

レタス類は雨に弱いので、ハウスと露地を同時進行で栽培します。また、夏場は日持ちがしないので、栽培する量を大幅に減らすか、場合によっては休む覚悟が必要です。売り先からのリクエストがある場合は作付しますが、夏場は農薬を使わずに栽培するためにも、作ってもごく少量です。

基本的には苗半作で苗屋さんに頼みますが、8月下旬に播種。9月定植。11月～翌年5月まで収穫します。春夏作で栽培する場合は、収穫期が1ヵ月半と短いので、こまめに播種をします。

元肥は10aに対して窒素、リン酸、カリウムともに100kg。追肥は（窒素：10、リン酸：4、カリウム：6）を200～500倍に薄め、天候に関係なく定期的に与えます。

保温、雑草よけ、土はねを防ぐマルチを使用。新しい苗を定植する場合は、マルチに開けた穴の間に定植していきます。本来マルチは処理が大変なので、できるだけ使わないようにしていますが、レタスの場合は、必ずかけています。

主な栽培品種・種類

- ロメインレタス
- レッドロメインレタス
- オークレタス
- ロロロッサ
- トレビス
- トレビーゾ
- 「モッズストーンレタス」
- 「ピンクロッサ」

バラの花のような美しいチコリの仲間で「カルテルフランコ」という。イタリアでは高級野菜とされている。

オークレタス、レッドオークレタスは結球しないレタス。樫の葉に似た形からこの名がついたといわれている。非結球レタスは外側から収穫し、数種類まとめてレタスブーケとする。

ロメインレタス、レッドロメインレタスは外葉からかいてブーケにする。写真はレッドロメインレタス。

マスタードグリーンは日本のカラシナの仲間。葉は長い楕円でピリッとした辛みがある。サンドイッチ、サラダなどに使うとアクセントになる。

トレビスはチコリの仲間でフランス語の呼び名。イタリアではトレビーゾ、アメリカではレッドレタスと呼ばれる。

変わった野菜

栽培する野菜の品目品種が多いと、何が変わり野菜なのかわからなくなってきます。一般的に市場で扱われないものが変わり野菜だとすれば、もちろんコスモファームはその宝庫といえるでしょう。

大量に出回るものとの差別化を図る。この原則は、多品目少量栽培で独自の販売ルートを築く場合に必要ですが、珍しければいいというものではありません。

生産者の立場から考えれば、栽培が難しくないもの、種苗の価格が高額でないもの、少量の栽培で販路が得られるもの、あまり重くないものなどの条件が挙げられるでしょう。

一方消費者の立場から考えれば、プロの料理人なら、扱いやすいもの、高額でないもの、最近人気のもの、色や形、香り、もちろん味が良いもの、話題性のあるものなどが上がるかもしれません。一般消費者にとっては、あまりにも形状や香りが独特なものでなく、慣れ親しんだ野菜に近いもの、調理が簡単なもの、高額でないもの、持ち帰りやすいサイズなどがポイントになりそうです。

どこを目指して野菜を作るのか。売り先はどこか。ターゲットは誰なのかによって、栽培する野菜の品種や荷姿、価格も変わってくることを再確認しておきましょう。

もちろん、「こんなものを作ってみたい」という気持ちだけで挑戦する野菜があってもいいでしょう。

私が今、個人的に気になっているのは「宇宙イモ」。巨大なムカゴです。自然薯やナガイモなどヤマイモの仲間は世界中に600種あると言われていますが、それぞれにムカゴが存在すると思うとワクワクします。宇宙イモは東南アジア原産のヤマノイモ科の植物。ムカゴといえば、大豆ほどの大きさを想像しますが、宇宙イモは育て方によって、赤ちゃんの頭ほどの大きさにもなるそうです。

アイスプラントは葉の表面に塩を隔離するための細胞が凍ったように見えることからこの名がついたといわれている。少し塩気がある。おひたしや天ぷらなどで食べるとおいしい。

コールラビは カブカンランと 呼ばれるもので、アブラナ科の野菜。肥大した茎を食べる。淡緑色と紫色の2色がある。

ザーサイは中華料理で出てくるイメージが強いが、炒め物などで食べるとおいしいタカナの仲間。一般的なスーパーで購入できないものを栽培することが、多品目栽培で成功するポイント。

主な栽培品種・種類

コールラビ
ザーサイ
アイスプラント
ヤマイモなど

フェンネルはハーブとして葉の部分を使う。イタリア語でフィノッキオといい、ハーブとしてだけでなく、肥大した鱗茎を野菜として食べる。独特な香りと食感がすばらしい。

日本では栽培が難しいタルティーボ。イタリアの野菜で、チコリの仲間。レストランなどで使われている。コスモファームでも毎年栽培するわけではないが、チャレンジしたい品目。

多品目
少量栽培で成功できる!!
5章

多品目で
取り組む
6次化産業

なぜ6次化に取り組むのか

5章では、6次産業化（主に加工）について学んでいきましょう。

農林水産省の統計によれば、日本国内の農業就労者は年々減少。65歳以上の割合が6割、75歳以上の割合が3割を占めるなど、高齢化も進んでいます。また新規就農者についても緩やかに減少しており、うち39歳以下の割合が2割を切るなど、若者の農業離れに歯止めがかかりません。

一方で、この本を手に取ってくださった皆さんのように、新規就農を目指している方や、栽培方法や加工品についてもっと学びたいという方も決して少なくありません。私自身も、就農希望の方から相談を受けることがよくあります。

つい先日は初対面の若者が、高松の自宅に「農業を教えてください！」と、飛び込みでやってきました。時計を見ると朝6時前。さすがに驚きましたが、農業にかける思いは真剣だったようです。

農業離れが深刻化している理由はやはり「農業は儲からない」というイメージが強いからでしょう。次の資料は「新規就農者が参入後1～2年目に経営面で困っていること」をまとめたものです。作業に見合った収入が得られないことが、農業へのモチベーションの低下につながっていることは一目瞭然でしょう。

単品の加工品と多品目の加工品

JAの扱う野菜は、厳密な規格をクリアした優等生たち。おかげで圃場廃棄処分となる野菜の数もかなりの量になります。しかしそこから製造できる加工品といえば、イチゴ農家ではイチゴジャム。リンゴ農家はリンゴジュースと、せいぜい2～3種類に限られてしまいます。どんなにおいしいイチゴジャムでも、毎日ひと瓶使う家庭はありませんし、そもそも朝食にジャムを食べる人がどれだけいるのでしょう。直売所に並べられたイチゴジャムが飛ぶように売れている光景は、あまり見かけません。

ふたを開ければすぐに食べられる手軽さは「口に近いところまで持って行く」という点で合格ですが、売り先はどうしますか。高級スーパーに足を運べば、国産の低価格ジャムから、高級輸入ジャム、オーガニックジャムまで揃っているなかで、他を寄せ付けないくらいの魅力あるジャムでない限り、売れる保証はあ

49歳以下の新規就農者数の推移

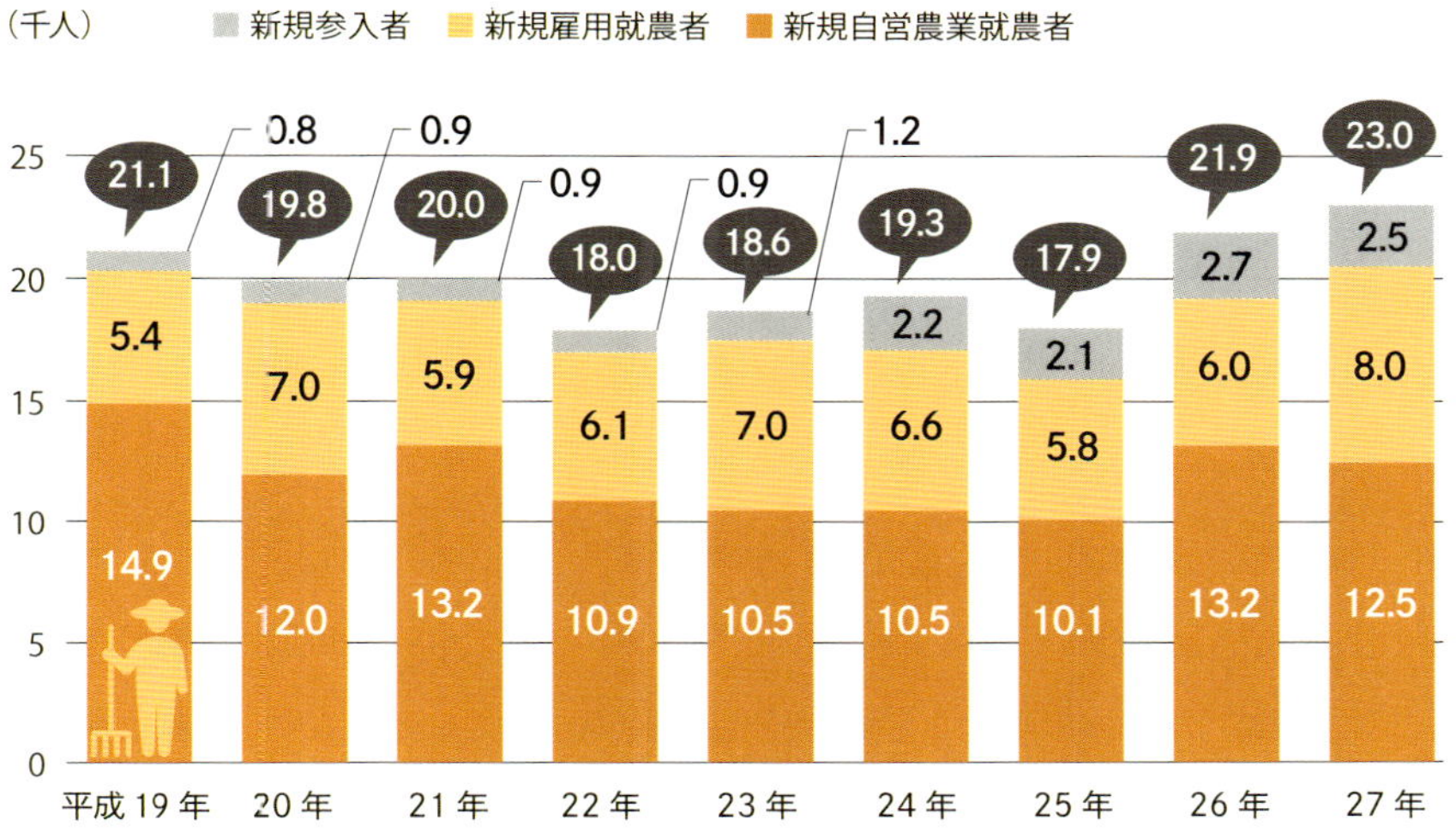

(平成27年新規就農者調査　農業水産統計)

＊平成27年調査から、調査期間日を4月1日現在から2月1日現在に変更した。
＊平成26年調査から、新規参入者については、従来の「経営の責任者」に加え、新たに「共同経営者」を含めた。

新規就農者経営面での問題・課題(複数回答)

単位：%

	今回調査	前回調査(2013年)	前々回調査(2010年)
所得が少ない	55.9	59.6	56.6
技術の未熟さ	45.6	47.6	40.6
設備投資資金の不足	32.8	34.5	26.7
労働不足(働き手が足りない)	29.6	22.9	20.4
運転資金の不足	24.3	26.7	25.1
栽培計画・段取がうまくいかない	19.8	19.8	14.2
農地が集まらない	16.8	17.8	14.2
販売が思うようにいかない	9.9	11.4	15.1
税務対策	6.8	5.1	6.6

(平成27年新規就農者調査　農業水産統計)

りません。厳しいようですが、商品を扱ってもらえる可能性が低そうです。

多品目少量栽培と単品大量栽培。６次化で成功するためには、ここが分かれ道です。単品で加工品にチャレンジするなら、何かひとつ大ヒット商品を作り出すこと。地方の小規模農家が作った加工品だからこそ、付加価値がついてネットで話題になったり、行列のできる人気商品に化ける可能性はあります。

多品目栽培の場合は、おもちゃ箱をひっくり返したような楽しさがアピールポイントです。コスモファームのピクルスも、まず種類の豊富さと色どりの美しさで人気を集めました。品種だけでも、ニンジン、ジャガイモ、ゴボウ、キノコ、マメなど十数種類。さらに品種や加工方法で変化をつければ、バリエーションは無限大。

お客さんには、店頭に並んだたくさんのピクルスの中から、自分のお気に入りを見つける楽しみも味わっていただけます。売れる加工品にはわけがあるのです。

では、多品目少量栽培の野菜を加工品にする際に、守るべきポイントは何か。まとめてみましょう。

- 多品目少量栽培を活かす
- 安心、安全
- 経営的に成立するか
- 売り先を考えた商品開発
- もったいないから始める
- 口に近いところまで持って行く
- 必要最小限の設備
- デザインのこだわり

何をどう加工するのか迷ったときには、このポイントをクリアしているか確認してください。そのうえで「おいしい」商品であれば、売り方さえ間違えない限り売れるはずです。

売り先を考えた商品開発

少し前になりますが、「徳島の葉っぱビジネス」が話題になったのを覚えているでしょうか。

徳島県上勝町。人口１７００人ほどの過疎化の進む村での話です。山間部に自然に生えている葉っぱを料亭などで使う「彩り」として出荷する事業を立ち上げたところ、これが大当たり。会社の年商は2億6千万円と、ビッグビジネスになりました。１０００万円を稼ぐおばちゃんもいるそうで、まさに現代のサクセスストーリーです。

おばちゃんたちはタブレットを駆使して、その日に注文のあった「彩り」の種類や量をチェック。無駄のない収穫をします。元手はかからず、軽いものですから、女性たちにも無理なく収穫できますし、配送料も安い。まさに目の付け所が素晴らしかったということです。

実はこのビジネス。成功した最大の要因は、「売り先をきちんと見据えた」ことにあります。売れなければタダの葉っぱだったものが宝の山に変わったのは、「欲しい」という相手を見つけていたからです。

一方で、野菜を乾燥パウダーにして売ろうとするビジネスがあります。廃棄野菜を使うのであれば原価は安く抑えられますが、乾燥して完全に水分を飛ばす加工はかなり手間がかかります。価格帯をかなり高めに設定しないとコスト割れを起こしかねません。

また、乾燥パウダーの用途は何なのか、どこに納めるのかきちんと戦略を立てないと、不良在庫が残るだけ。パウダーということで、見た目に地味なことも不利になりそうです。

うどんやパスタに練り込んで使うという提案もできなくはありませんが、練り込んだ商品の購買層は誰なのかをはっきりさせないと使う相手にメリットがなければ、6次化商品としては成立しません。

マーケットインの法則

「マーケットイン」という言葉をご存知ですか。

マーケティング用語で「売るためには、消費者が求めるものを作る」という考え方。その対極が「プロダクトアウト」で、「良いものを作れば売れる」という発想です。

農業には「良い野菜を作れば必ず売れるはずだ」という「プロダクトアウト」寄りの考え方が根強く残っています。しかし、農業生産額が減少の一途をたどるなか、その神話は崩壊しつつあるのが現実です。

私は多品目少量栽培を始める以前から、農業でも「マーケットイン」の法則を取り入れるべきだと考えてきました。たとえば5個300円のリンゴと、1個100円のリンゴ、どちらがお得ですか？

算数の問題なら5個300円のほうが安いですね。しかし夫婦2人の家庭で、リンゴ5個は食べきれません。2個傷んでしまったらリンゴ1個の値段は150円。ダメにするのはもったいないですから、夫婦は1個100円のリンゴを買うでしょう。

この感覚をわかっておらず、「安いほうがいいに決まっている」「お得なほうが売れるはず」と思い込んでいると、「うちの野菜はこんなに立派なのになぜ売れないんだ」と悩むことになります。消費者のニーズと売る側の思い込み。まずこの感覚を消費者寄りに合わせましょう。

ではコスモファームが実際に取り入れている「マーケットインの法則」とはどんなものでしょうか。

小さいにこだわる

1つめは大きさです。私がこだわっているのは「小さく」すること。

リンゴの例で考えてみましょう。

1人暮らしに大きなリンゴはいりません。小ぶりのリンゴが1個あればそれで十分。では、小さくするにはどうすればいいでしょう。まず思い浮かぶのがカットすること。でもこれではリンゴのみずみずしさは味わえません。それならサイズの小さいリンゴを作ったらいいのでは、と発想を変えてみるのです。

コスモファームの多品目にも小ぶりの野菜が数多くあります。むしろ小ぶりの品種がほとんどといってもいいでしょう。カブ、ニンジン、ジャガイモ、ナス。ネギは『ポアロジェンヌ』というオリジナルの名称で栽培しています。

また、本来は圃場で廃棄される直径2～3㎝のジャガイモは、コスモファームの縦長のビンにもしっくり収まるので、ピクルスに使用しています。皮付きのまま利用できるので崩れたり液が濁ったりせず、「カワイイ」の声をいただいています。

目新しさで惹きつける

新顔野菜や地方野菜、伝統野菜は扱いがわからないと敬遠されがちですが、もちろん多品目栽培ではここが肝になります。問題はお客さん

多品種の極小ジャガイモは、マルシェでも飛ぶように売れる。

テニスボールよりも小さいリンゴ。

食用ギクのピクルス。黄色や紫などカラフルで見た目もいい。

にどうやって興味を持ってもらうか、というところで、加工と料理がポイントになってきます。

たとえば野菜のゼリー寄せ。そのまま食べられる手軽さは「口に近いところまで持って行く」こともしっかりクリアしています。講習会などで調理すると「わあ」と歓声が上がるほど、色も鮮やかでインパクトがあります。

また、マルシェのみで販売しているのが山形の地方野菜、食用ギクのピクルスです。ちらし寿司にほぐして混ぜるととても鮮やか。酸味も活きてきます。この場合も実際にちらし寿司を作り、見て味わってもらえば効果は絶大です。

あらかじめ手間を惜しまない

切り干しダイコンが直売所で売れない理由は、口に持って行くまでに手間がかかるからです。戻す→煮ると2つの工程があって、なおかつメインのおかずにはならない。都会の核家族や1人暮らしはなかなか手を出さないでしょう。

これが、すでに調理された「切り干しダイコンの煮物」の真空パックなら、話はまったく別です。温めてそのまま食卓に出せる。事前の「ふた手間」で、同じ素材でもまったく受け入れられ方が変わってきます。

同じようにタケノコも手間のかかる野菜のひとつ。朝採れのタケノコは絶品ですが、何度も茹でてアクを抜く作業はかなりの手間がかかります。そこで、茹でたものをひと口大に切って軽く炙って真空パックにする。これならそのまま口に入れることができます。多くのお客様はその商品が特別なものとは考えません。ただ簡便性を求めているだけです。だからこそ、6次化にとって必要な手間だと私は考えています。

その際、注意したいのはコンビニとの差別化を図ること。コンビニには、まさに「口の近くまで持って行く」ことに徹した商品が並んでいます。しかし、保存料や添加物についての考慮はあまりされていません。農家の製造する加工品は、賞味期限を短くしても、なるべく添加物は使わない。きちんと出汁を取っててぃねいに煮込む。手間をかけましょう。

加工所は必要か

コスモファームでは現在、年間1万5000〜2万本のピクルスを製造。高級食材店やデパートに出荷し、マルシェでも販売しています。という話をすると、多くの方が立派な工場で、たくさんの方が働いている図を想像するようです。

しかし実際のコスモファームの加工所は、倉庫の一部に建てられた10畳ほどの一般的なキッチン。唯一目を引くのは業務用のスチームコンベクションオーブンですが、これも何台も揃っているわけではなく、1台がフル稼働しています。

このほかの機材といえば、真空パックの機械が1台と、大型のブレンダーが1台。冷蔵庫。とても簡素です。売り先が決まる前から立派な加工所を持つ必要はないという持論を自分でも実行しているのです。

作業はベテランのパートさんが3名ずつのローテーションで回しています。野菜を洗うところから始めて、野菜のカット、下茹で（必要な野菜のみ）、大鍋でのピクルス液作り、瓶の殺菌、瓶詰め作業、再び殺菌。さらには、ラベル張り、仕分け・梱包、そして発送作業まで、すべてをこなしています。

現在の加工所ができたのは2013年のこと。それまでの2年間は、住まなくなった古い家のキッチンで、スチームコンベクションもない状態で作業をしていました。殺菌は鍋を使って煮沸。一度に煮沸できる本数が少なく、夜中まで何度も作業を繰り返していました。

ピクルスの売り先が決まり、出荷量が急増。とうとうプロパンガスが1週間でカラになってしまう事態に陥り、さすがに限界だということで新しい加工所に建て替えたのです。

このときスチームコンベクションなどの機材を設置したところ、殺菌作業が飛躍的に楽になり、現在の本数を出荷することができるようになりました。ちなみにこの業務用のスチームコンベクションオーブンは、1台100万円。購入以来、すでに元は取ったかなと思っています。

素材を詰める前の空瓶の殺菌、ピクルス液と素材を詰めて蓋をしてからの後殺菌（75℃で20分）の2工程で利用しており、この工程のおかげで、防腐剤なしでも常温で8ヵ月保

食品の製造・販売に必要な手続き　加工所はどうする？

計画
- 何を作る？
- どのくらいの量を作る？
- 作業人数は？
- 加工所は？

↓

事前相談
- 地域の保健所に相談

↓

営業許可の申請
- 必要な書類を提出
- 講習会への参加など

↓

施設の検査

↓

許可

コスモファームの場合

瓶詰めのピクルスを作る

もとからある建物を利用

コスモファーム旧加工所

水回りもチェック！

2013年新しい加工所設立

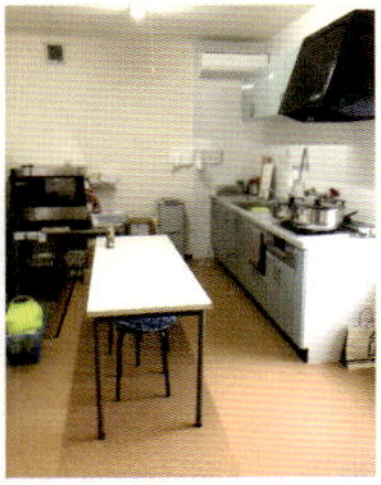

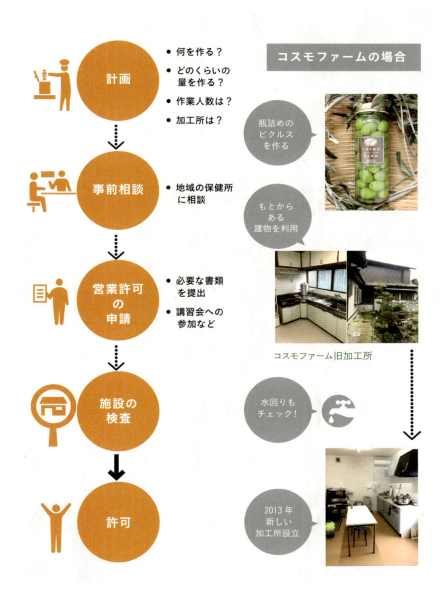

存できます。

現在の体制ではこの本数が限界ですが、ピクルスは廃棄野菜のリサイクルが目的。ピクルス屋を目指しているわけではないので、現状はこれで十分だと思っています。

タダで加工所を手に入れる方法

お金をかけずに加工所を手に入れる方法はいくつかあります。

1つは既存のものを利用する方法。必要最低限のものが揃っているという意味では、自宅のキッチンでも十分です。コスモファームのように倉庫の一部や出荷作業用の建物を利用してもいいでしょう。

ただし、加工をするには「食品営業許可」の取得が必要。加工所の検査があり、設備の改善に費用がかかる場合もあります。水回りの改修など、意外な金額がかかることもあるので注意してください。

もう1つが、加工所を借りる方法。ほとんどの自治体には、地元の人が利用できる共同の（公営の）加工所があります。これは地域の住民が漬物や味噌などを製造するための施設で、時間や一日単位で借りることができます。個人で借りるのは難しい場合でも、グループで借りれば負担は少ないので、地域の農家と協力して、定期的に借りるのも一考です。

自治体によっては、このような利用を積極的に勧めているケースもあるので、保健所に問い合わせてみることをお勧めします。

食品の製造・販売に必要な手続き

さきほど少し触れたように、農産物の加工食品を製造・販売するためには、食品衛生法や地域の条例に基づいて、保健所に営業許可や届け出を行わなければなりません。

左ページの図を見ながら流れを説明しましょう。

●**事前相談**：加工所の設置場所、規模、導入する機械、製造工程が決まったところで、地域の保健所に相談をします。このタイミングで必要事項などをきちんと確認しておくと、申請がスムーズになります。

●**営業許可の申請**：指定された申請書類を期日までに提出します。営業許可申請書、営業設備の配置図、水質検査成績書、食品衛生責任者の資格証明書などが必要になりま

保健所への営業許可・届出の流れ

1 管轄の保健所へ事前相談
商品の企画、加工施設の設置場所、規模、導入機械製造工程が決まった段階で早めに相談。

2 申請書類の提出
期日までに提出（目安は営業開始から10日程度）

3 施設設備の確認検査
食品を製造・加工するには専用の施設が必要。営業者の立ち会いが必要。基準に達しない場合は再検査。

4 許可証の交付

5 営業開始
許可証は見やすいところに掲示

保健所の営業許可が必要な品目と主な業種

主な農産物加工と業種は以下の通り。

おにぎり、五目おこわ、いなりずし、弁当	飲食店営業
米粉パン、米粉クッキー、大福、餅、おかき	菓子製造業
チーズ、バター、牛乳	乳製品製造業
アイスクリーム、シャーベット	アイスクリーム類製造業
ハム、ソーセージ	食肉製品製造業
あんこ	あん類製造業
味噌	味噌製造業
醤油	醤油製造業
豆腐	豆腐製造業
納豆	納豆製造業
そば、うどん、中華麺、乾麺	めん類製造業
佃煮、煮物、炒め物	そうざい製造業
焼肉のたれ、果実ソース	ソース製造業
果実ジュース、野菜ジュース	清涼飲料水製造業
ジャム、おかゆ、スープの缶詰、瓶詰め	缶詰又は瓶詰食品製造業
魚肉練り製品	魚肉練り製品製造業

す。食品衛生責任者は、一日講習を受ければ試験などはなく取得できる資格です。

●施設の検査：営業者立会いのもと、加工所の検査を行います。基準に達しない場合は再検査となります。

事前に指導があり、水回りの回収など、時間と費用が必要になることもあります。

●許可：営業許可証が公布されます。これで加工所での製造が開始できます。

デザインのこだわり

「農家が作る加工品はあか抜けない」というイメージがあります。そこをうまく活かして手作り感を前面に出すのもひとつの方法ですが、イメージは「お土産」。他に何か付加価値がない限り、デパートや高級食材店ではなかなか販売対象になりません。

コスモファームのピクルスは、手作り感を払拭し、都市部のマルシェで映えるデザインを意識しました。デザインに徹底的にこだわるべきだと提案したのは私ですが、それを形にしてくれたのが息子です。建築設計事務所で仕事をしていた息子は、試行錯誤を繰り返したうえで、その経験を活かして完成度の高い商品に仕上げてくれました。

加工品の容器やラベルのデザインは専門業者に頼むのが一般的です。場合によっては加工そのものを丸ごと業者に依頼するケースもありますが、私はお勧めしません。加工もデザインも、人任せにしないで自分で作る。まずはその前提で、講習会に参加したり、マルシェに出かけたりしてみましょう。実際に加工を行っている農家に見学に行くと、より具体的にイメージできるはずです。

ひと口に加工品のデザインといっても、ポイントは大きく3つあります。

1 容器のデザイン

コスモファームのピクルスも、最初から今のような縦長の容器だったわけではありません。最初はよくあるぽってりとしたものでした。

見た目がおしゃれで、中が良く見えるデザインにしたい。また当時はまだ煮沸を鍋で行っていたので、本数が多く入るように考えて現在のスタイルになりました。必要に迫られての縦長デザインが功を奏して、スタイリッシュに仕上がったのです。

容器はネット通販でイメージに合うものを探していましたが、いいなと思ったイタリア製の瓶は1本50 0円。もちろんあきらめました。蓋も最初はツイストタイプにしましたが、漏れやすいためスクリュータイプに変更。

ラベルは内容がよく見えるよう、透明のシールをパソコンのプリンターで打ち出して貼っていましたが、これも濡れるとはがれやすいため、息子が現在のラベルをデザイン、印刷だけ業者に頼んでいます。ロゴの「CF」はコスモファームの頭文字を双葉に見立てた柔らかいイメージで、私も大変気に入っています。

また側面は、コスモファームの商品に共通のラベル。蓋部分には「ピクルス」の表示のみ。裏面に「ニンジンピクルス」など内容を表示したシールを張っています。ラベルの種類を最小限にすることで、コストの削減にもなっているのです。

ただしデザインに走りすぎて、どこの何の商品だかわからない（わかりにくい）ものになってしまうことは避けましょう。販路の開拓も踏まえて、誰がどこで作っているものかが一目でわかることは大切です。

2 内容のデザイン

内容のデザインとは、コスモファームのピクルスでいえば、それぞれの野菜をどう見せるかということ。これにはかなり苦心して試行錯誤を繰り返してきました。

たとえばミニトマト。そのままピクルス液に漬けると割れてしまうため、3日間天日干しにします。乾燥して少し皺ができたところで液に漬けるとふっくらとして色鮮やかに仕上がります。

ネギやキノコ類は蒸してから液に漬けると同じように色つやが出ます。

野菜の切り方にも工夫を凝らしてきました。定番のニンジンは、赤、黄、オレンジ、白などカラフルな色

コスモファームのピクルス瓶デザインの変化

初期のピクルス。丸く背の低い瓶で、蓋は白。ややあか抜けない印象。

蓋に和紙をかぶせて、麻紐で巻いている。若干手間がかかる。和風の印象が強い。

シール部分が透明になっている。

透明シールから紙のシールに。

現在のピクルス。瓶は14cmの長いものを使用。初期から考えるとだいぶあか抜けてきた。

を活かします。切り方も、千切り、拍子木切り、乱切り、型抜きでハートや花形にするなど見た目の変化を出しています。

3 ディスプレイのデザイン

完成した商品（加工品）を売り場でいかに「魅せる」かもデザインの延長だと考えましょう。

マルシェで、初めて何十種類ものピクルスを並べたときの周りの反応は心地のいいものでした。お客さんはもちろん、周りのブースからも見学者が続出。ちょっとした騒ぎになるほど注目を集めたのです。

その後マルシェでは、「ＣＦ流ディスプレイ」が流行った時期がありました。本家としても負けていられませんから、野菜も含めてますますレイアウトに磨きをかけ、マルシェのレベル向上に一役買うかたちになった…かもしれません。

安心安全のためにするべきこと

加工品の品質に万全を期すのは当たり前のことですが、それでもときには食中毒や容器の破損など、予期せぬトラブルが起きることもあります。このような事故に備えて、専門の保険にぜひ加入しておきましょう。

賠償責任の負担をカバーするのが、ＰＬ保険（生産物賠償責任保険）です。

たしかに食中毒も容器の破損も滅多に起こることではありません。わざわざ保険に入る必要があるのだろうかと思うかもしれませんが、リスクを軽減する意味では加入するべきでしょう。法律で定められているわけではありませんが、生協や直売所、デパート、量販店などと契約をする際には保険証券の提出を求められるケースも多いのです。

何かあってから慌てても取り返しがつきませんので、「保険に加入して万全の態勢で臨んでいる」とアピールするのもひとつの方法でしょう。

コスモファームでも、まだ加工品作りを始めて間もないころ、塩レモンの内容量が多すぎて蓋に付着。そこから錆が出て、全品回収した苦い経験があります。幸い消費者に被害が及ぶことはありませんでしたが（ＰＬ保険自体は消費者の損害に対して補償をするもの）、保険加入の必要性は痛感しています。

ＰＬ保険は、同じ損保でも、自動車保険のように普及しておらず、専門家も少ないのが現状です。窓口やシステムがわかりにくい面もあるので、まずは次のどれかに問い合わせてみるといいでしょう。

・加工所のある地域の行政（保健所

コスモファームの加工品

【 ピクルス 】

ジャガイモ	「ドラゴンレッド」や「ノーザンルビー」の赤、「シャドークイーン」の紫、「インカのめざめ」の黄色など、カラフルな色を活かしている。カットするとデンプン質が溶け出して色が濁るので丸のまま使用。出荷できないような小さなジャガイモに商品価値が出る。スチームコンベクションで硬め加熱してから瓶に詰め、ピクルス液を注ぐ。
ニンジン	赤、黄、オレンジ、白など多品種ならではの彩りの良さを活かす。千切り、拍子木切り、乱切りなど、切り方を変えて食感と味の違い、見た目の変化を出す。
ゴボウ	硬めに加熱して食感を活かす。ゴボウ独特の強い香りがある。
ナス	小ぶりのサイズの品種を用いる。色の鮮やかさを活かす。
トマト	赤、緑、オレンジ、黄色、縞模様などカラフルなミニトマトの色を活かす。単品のほうが見た目にきれい。
キノコ	エリンギ、シメジなどを使用。水分が出るのでスチームコンベクションで歯ごたえが残る程度に加熱してからピクルス液を注ぐ。
ショウガ	ショウガと酢は相性がいいが、ピクルスは珍しいので話題性もある。薄くスライスして使用。
ミョウガ	縦半分にカットして、断面の模様の美しさを活かす。
マメ	大豆、青大豆、虎豆、ウズラ豆、ヒヨコ豆を使用。乾燥した豆を硬さが残る程度に加熱。単品やミックスなど、見た目にも楽しめる変化を出す。
切り干しダイコン	見た目のインパクトがある。手切りで太い甘みの強い切り干しダダイコンを使用。熱湯でさっと戻して固めに仕上げ、シャキシャキした食感を楽しめるようにする。
ミックス	冬はダイコン、カブ、ビーツなどの根菜類。夏はセロリやパプリカ、コリンキーなどの夏野菜をメインにして季節感を出す。様々な色のダイコン、ラディッシュ、赤カブ、パプリカを合わせる。赤系の野菜（ダイコン、カブ、赤タマネギ）を加えると、ピクルス全体がほんのりピンク色に染まる。

【 ピクルス以外の加工品 】

オリーブの新漬け	香川県産のオリーブと塩を使用。品質においてスペイン産やイタリア産には追い付かないが、地元産にこだわっている。2ヵ月かけてあく抜きし、塩分濃度を変えながら40%の新漬けにする。
塩レモン	香川県産のレモンと塩を使用。レモンを薄切りにし、塩を加えスチームコンベクションで加熱殺菌する。
イチジクのコンポート	イチジク(蓬莱柿：ホウライシ)、レモン、砂糖を加えてスチームコンベクションで加熱。イチジクの品種は一般的には流通しやすい「桝井ドーフィン」。頭が割れずに傷みにくいことから、どこの産地でもこの品種に力を入れているが、在来品種の「蓬莱柿」は皮が薄く甘みに富んでいる。高松市場では「桝井ドーフィン」は価格が安いので、流通しにくい「蓬莱柿」を使わない手はない。差別化になる。
パクチーのジェノベーゼ	パクチー、オリーブオイル、塩、松の実、パルメザンチーズを合わせてフードプロセッサーでペースト状にする。
バジルのジェノベーゼ	バジル、オリーブオイル、塩、松の実、パルメザンチーズを合わせてフードプロセッサーでペースト状にする。パクチーやバジルなどのハーブも栽培は容易だが、傷みやすく販路が問題となるため、ジェノベーゼに加工している。茹でたパスタとあえるだけで一品できるという、お客様が手間をかけずに口に運べる良い事例。
ユズジャム	ユズの表皮を薄く剥き、乾燥機で乾燥させてパウダー状にする。残りの果肉と果汁にグラニュー糖を加えて煮詰める。

など）

・自分が加入している自動車保険、火災保険会社（損保を取り扱っている保険会社では、PL保険も取り扱っているケースがほとんどです）

・インターネットでチェック（PL保険で検索）

現在の保険料は売上高に対して1％未満。加工品の売り上げが数百万の場合でも保険料は年間数千円程度です。

ただし、PL保険の補償が適用されるのはあくまでも被害者に対しての賠償に限られます。回収した商品や、回収にかかった費用などは自己負担なので注意が必要です。

食品表示について

加工品の販売に関して、もう1点クリアしなければならないのが「食品表示」。商品の名称や内容、賞味期限などが記されたお馴染みの表示です。

「食品衛生法」「JAS法」「健康増進法」の食品表示に関する基準を一元化した「食品表示基準」により、平成27年4月以降、これに基づく適切な表示が義務化されました。

最近は直売所でも表示に厳しくなっていますが、いまだに緩いのがマルシェです。そこで最近はマルシェで販売する商品に対して、保健所が抜き打ち検査を行うことも多くなりました。表示がきちんとされていない場合は販売中止になるので、要注意。というよりもきちんと表示することを徹底しましょう。

保険への加入や食品表示の義務は生産者と消費者を共に守る存在です。人の口に入るものである以上、ときには命にかかわることもある。6次化に踏み出すうえで、高い意識をもって取り組みたいポイントではないでしょうか。

PL保険　保険料の目安

仕事内容　農業（野菜・多品目）
加工業（ピクルス）

加工品売上　ピクルス500円×300 ～ 350個（月）×12ヵ月
年間200万円

生産物賠償責任保険見積り　支払い限度額

1名支払い限度額	1事故支払い限度額	期間中支払い限度額	免責金額（自己負担額）
500万円	1000万円	2000万円	0円

保険料は年額　約**2000円**（1年ごとに契約更新）

食品表示制度で表示すべき主な事項(加工食品の場合)

(主な表示事項) 義務表示 一部義務

名称	一般的な名称を表示。
保存方法	食品の特性に従って表示。
消費期限または賞味期限	品質が急速に劣化しやすい食品にあっては消費期限を、それ以外の食品にあっては賞味期限を表示。
原材料名	使用された原材料を重量順にすべて表示。
添加物	使用された添加物を重量順に表示。
内容量	内容重量、内容体積、内容数量または固形量を表示。
栄養成分表示	エネルギー、タンパク質、脂質、炭水化物、ナトリウム(食塩相当量に換算したもの)の5項目のほか、表示しようとする栄養成分について表示。 飽和脂肪酸、食物繊維については表示を推奨(任意)。
食品関連事業者の氏名または名称および住所	食品関連事業者のうち表示内容に責任を有するものの氏名または名称および住所を表示。
製造業所等の所在地および製造者等の氏名等	製造所または加工所の所在地および製造者または加工者の氏名または名称を表示。
アレルゲン	小麦、卵等7品目の原材料について表示を義務付け。 大豆、豚肉等20品目の原材料について表示を推奨(任意)。
遺伝子組換え	対象加工食品33品について、遺伝子組換えまたは遺伝子組換え不分別である対象農産物が含まれる場合はその旨を表示。遺伝子組換えでない場合は任意。
原料原産地名	22の加工食品群および個別の4品について表示。その他の食品は任意。
原産国名	輸入品の場合に表示。

食品表示部分　農林水産省/6次産業化支援策活用ガイドより

食品表示に関するお問い合わせ
消費者庁食品表示課　http://www.caa.go.jp/foods/index.html

野菜の知識とは？

ここまで6次化に向けた「加工」についてお話してきましたが、広い意味でとらえるなら、加工とはピクルスやジャムなどの商品だけを指すものではありません。

栽培した野菜をどう調理するか。これも加工です。そして販路の確保を考えるのであれば、「調理する」ことは、多品目少量栽培を行っていくうえで大切な仕事のひとつです。販路開拓の重要なカギだといってもいいでしょう。

4章でご紹介したように、多品目で扱う野菜の品種は合計すれば何百という数になります。1つひとつ栽培方法も違います。栽培方法や、病害虫の知識などはもちろん農家として基本的に身につけていなければならないものでしょう。

しかし購入する側にとって重要なのは、どうやって栽培したかではありません。「その野菜がどんな味で、どうやって食べればいいのか」ということです。珍しい花なら、花瓶に生けて鑑賞すれば楽しめますが、マルシェに並ぶ野菜がどんなに色鮮やかで美しくても、食べ方がわからなければ手は出しません。

もしマルシェで、野菜を使った料理を試食することができ、思いのほか味も良く、なおかつ「塩コショウがあれば10分でできますよ」と言われたらどうでしょう。購入してみよう、という気持ちになりますよね。

プレゼン力を身につける

料理の提案は、一般の消費者だけでなく、レストランのシェフや食品関係のバイヤーにもアピールできる重要な手段です。

個人経営のレストランでは、いかに新しい野菜をメニューに取り入れるか、日々アンテナを張っています。飲食業界においても「差別化」は必須だからです。

食品関係のバイヤーも、アンテナという点ではシェフと同じように敏感です。農業のプロではありませんが、見せ方、食べ方を含めて「商品を売るプロ」ですから、実際にその野菜を口にしたうえで、売れるかどうかの判断は的確です。日本人の舌にも合う味覚、食感や、味が良くても調理に何時間もかからないかなどの条件から、売れる野菜（加工品）を見つけ出します。

マルシェで、「これはどうやって食べればいいの？」と聞かれたときにすぐに答えられる。これはとても大事なことです。野菜の特徴と食べ方は、すぐに答えられるようにしておきましょう。

できればタブレットに実際に調理したメニューの写真をストックしておき、それを見ながら説明できるようにしておけば、プレゼンテーションとして完璧です。

この先、農家レストランをやりたいという夢があるのなら、レシピ開発は絶対に必要です。自分の作る野菜に責任をもって、どんなに珍しい野菜でも最低1品は、オリジナルレシピを提案できるように、準備しておきましょう。

その際、ネットや本でレシピを調べるだけではいけません。簡単そうなもので構わないので、必ず自分で作ってみましょう。自分が栽培している野菜を食べたことがないなど論外です。包丁を入れたときの感触や、変色しやすい、乾燥しやすい、加熱するとどうなるかなど、実際に調理して経験することも大切です。

料理は作ったらそれで満足ではなく、レシピと野菜の特徴を書き留め、携帯カメラで構わないので写真も撮っておきます。野菜は調理する前に単体で撮っておくとなおいいでしょう。

料理研究家とコラボ

かくいう私にとっても、農家レストランや農家民泊は、実現したい将来の計画のひとつです。

もともと料理好きということもあり、若いころから栽培した野菜を使って、あれこれ新しい食べ方に挑戦してきました。

友人が集まる、家族が集まるとなれば、仕込みから焼きまでかなり凝った料理にも挑戦します。もちろん主役はコスモファームの野菜たち。なかには失敗作もありましたが、評判はおおむね良好で、「農業をやるなら、食べることが好きな人」という持論を自分で実践しています。

とはいえ私は料理のプロでもありませんし、どちらかといえばアイデアが先行するタイプ。身内に好評でも料理研究家ではありません。

そんな折、２０１４年頃に、取引をしていた高級食材セレクトショップから、イベントの講師をしてほしいと依頼がありました。野菜を中心とした料理も作ってほしいとのこと。聞けば会費もそれなりのお値段で、参加者は調理しないで見学するだけだといいます。適当なものは作れません。

そこで声をかけたのが、私が講師をしている「野菜ソムリエ」の元生徒で現在は料理研究家として活動する牛原琴愛さんです。

事情を話し、レシピ制作と調理のアシスタントをお願いしたところ快諾していただき、イタリア野菜をテーマにレシピを構成することに決まりました。作ったのはプンタレッラのアンチョビサラダ。イベントは盛況に終わり、このときから牛原さんとタッグを組むようになったのです。

2015年からは、(一財)都市農山漁村交流活性化機構のセミナーの講師も担当しています。毎月1回で計10回のコース。毎月テーマを決めて、農産加工品や野菜を使った商品開発、直売所の差別化、余ってしまう野菜の活用法などについて講義。調理にも参加してもらいます。

ここでは私が出す野菜を牛原さんが、見た目にも鮮やかな料理に仕上げてくれています。新顔野菜の食べ方をわかりやすく伝えており、私自身大変に影響を受けています。

牛原さんは、「主役は野菜なので、その野菜の一番良いところを尊重して活かすこと。色、形、香りなど五感に感じるものを大切にして、できるだけシンプルに仕上げています。たくさんの材料や調味料が必要で、工程も多い料理はおいしいかもしれませんが、家に帰ってもう一度作ろうと、なかなか思わないものです。料理を遠ざけないためにも、シンプルを心がける。すると素材を選ぶ目も大切になってきます」と言います。

料理研究家ならではの視点で、レシピを発想し、組み立ててくれます。このような機会で生まれたレシピをマルシェに立ち寄ってくれたシェフに話すと、興味を持って聞いてくれます。一般のお客様もレシピがわかれば、知らない野菜だからと尻込みせずに購入してくれるのです。定番レシピができれば、農家レストランや民泊でも料理目当てのリピーターができるかもしれません。

(一財)都市農山漁村交流活性化機構のセミナーの様子。

多品目栽培だからできる品種の食べ比べ

ワークショップの目的は、野菜を知ることです。
料理の試食も楽しみの１つですが、品種の違いを知ることも大切です。
ワークショップでは一同にたくさんの品種を持ち込み、
見た目や切り口、味の違いを比較します。

小さいジャガイモは丸のままピクルスに。

15品種以上のジャガイモを一度に試食。

ジャガイモの花。

ジャガイモの圃場。品種によって花の色も違う。

多品目栽培

アイデアレシピ集

レシピ提供／料理研究家　牛原琴愛

変わったものや新しい野菜をどのように調理すれば、
野菜本来の味を引き立てることができるのか。
食べ方の提案をすることも、販売につなげることができ、
農家レストランや民宿でも料理を提供できます。
レシピによっては、冷凍保存も可能です。
最盛期にたくさん収穫したら、まとめて調理しましょう。
小分けにして冷凍保存しておけば、
お客様にいつでも野菜料理を楽しんでもらえます。
今回は、一般財団法人 都市農山漁村交流活性化機構で
行っているワークショップで、
料理研究家で野菜ソムリエの牛原琴愛さんと
コラボレーションして開発したレシピをご紹介します。

もっちりニョッキ
（ジャガイモ、カボチャ、サトイモ、サツマイモ）

材料（6〜7人分）

ジャガイモ ……… 500g
強力粉 ……… 150g
塩 ……… 少々
全卵 ……… 1個
パルミジャーノチーズ ……… 50g
打ち粉 ……… 適量

作り方（調理時間約40分）

1 ジャガイモは皮つきのまま蒸かし、熱いうちに皮をむいて裏ごしする。
2 1とその他の材料を台にのせ、スケッパーなどで切るように混ぜる。
3 まとまったら軽くこね、10分ほど寝かす。
4 台に打ち粉をし、両手で転がしながら細長い棒状に伸ばし、3cm幅にカットする。1つずつフォークで押しつけて、跡をつける。
5 熱湯に塩を入れ、浮き上がるまで茹でる。

ポイント

・カボチャ、サトイモ、サツマイモなどでもできます。その場合、粉の量を調整して扱いやすい硬さにします。
・フォークであとをつけることで、ソースがからみやすくなります。

サトイモのニョッキ

サツマイモのニョッキ

ズッキーニのマッシュポテトグリル

材料（4人分）

ズッキーニ
（UFOズッキーニまたは
丸ズッキーニ）……… 中1個
マッシュポテト……… 適量
シュレッドチーズ……… 適量
粗挽き黒コショウ……… 少々
ピンクペッパー……… 適宜
オリーブオイル……… 適量

作り方（調理時間約40分）

1 UFOズッキーニは上1/4ほどをカットする（蓋にするためとっておく）。

2 中身は、包丁で切り込みをれて、スプーンを使いくり抜く。

3 くり抜いたら内側に軽く塩をふり（分量外）、さっと洗い流し、水気をふく。

4 1にマッシュポテトを詰め、シュレッドチーズをのせて180℃に予熱したオーブンで20～30分焼く。このときに蓋側も焼く。

5 仕上げに粗挽き黒コショウ、ピンクペッパーをふり、蓋を添える。

ポイント

- 焼き上がりを4等分に切り分けていただきます。
- 直径20cmほどのUFOズッキーニを使用しています。
- 詰めものは、マッシュポテト以外に、ひき肉種や味をつけた米やマメもよく合います。

フェンネルとレモンのイワシグリル

ポイント

・フェンネルとレモンがイワシの生臭さを消して、さわやかな風味を加えてくれます。

材料

イワシ ……… 4尾
フェンネルの葉 ……… 適量
レモン ……… 1/2個
パプリカ ……… 1個
塩・コショウ ……… 各少々
オリーブオイル ……… 適量

作り方（調理時間約30分）

1 イワシは3枚におろして塩をして、15分ほどおいてから水気をふく。

2 レモンは輪切り、パプリカはヘタと種子を除き、縦8等分に切る。

3 イワシに塩、コショウをして、レモン、フェンネルをのせて、間にパプリカを並べる。180℃に予熱したオーブンで15分ほど焼く。

ジェノベーゼ

ポイント

・保存は冷蔵庫で10日くらいです。
・松の実は炒ることで、香りがよくなります。焦がさないように注意。
・バジルの代わりにニンジンの葉でも作れます。ニンジンの葉の下部は固いため、先のやわらかい部分を使います。
・122ページのニョッキとあえても楽しめます。

材料（仕上がり量1/2カップ強）

スイートバジル ……… 50g
松の実 ……… 15～20g
ニンニク ……… 1片分
粉チーズ ……… 15g
オリーブオイル ……… 100mL
塩 ……… 少々
粗挽き黒コショウ ……… 少々

作り方（調理時間約10分）

1 松の実はフライパンで香りが立つまで炒る。

2 バジルは葉を摘み、ペーパータオルなどで水気をとる。

3 すべての材料をミキサーに入れて撹拌する(3～4分)。

カラフルジャガイモのビシソワーズ

材料（約1L分）

ジャガイモ ……… 中3個
タマネギ ……… 中1個
水 ……… 200mL
牛乳 ……… 400mL
塩 ……… ひとつまみ
バター(無塩) ……… 10g
＊トッピング　生クリーム、チャイブ、コショウ

作り方（調理時間約20分）

1 ジャガイモ、タマネギは皮をむいて薄切りにする。

2 鍋でバターを温め、しんなりするまでタマネギを炒め、さらにジャガイモを加えて、透き通るまで炒める。

3 水を加えて、柔らかくなるまで煮る。

4 3をフードプロセッサーなどで撹拌し、牛乳を合わせ、味をみて塩を加える。

5 お好みで生クリームやチャイブの小口切り、コショウなどをあしらう。

ポイント

・ジャガイモの品種は、赤色「ノーザンルビー」、黄色「デストロイヤー」、紫色「シャドークイーン」です。
・撹拌したあと、裏ごしするとより滑らかに仕上がります。
・見た目の色の違いだけでなく、異なる味も楽しめます。

ピーマン・パプリカの3色マッサ

作り方（調理時間約10分 ＊寝かせる時間を除く）

1 パプリカのヘタと種子を除き、8等分に切って粗塩をふり、常温で2日間寝かせる。

2 出てきた水分を流し、キッチンペーパーで水気をよくふき、オリーブオイルを加えてフードプロセッサーでペースト状になるまで撹拌する。

材料（作りやすい分量）

パプリカ ……… 1個
塩 ……… 大さじ2
オリーブオイル ……… 1/2カップ

スコップコロッケ

材料（5〜6人分）

ジャガイモ……400g程度
タマネギ(みじん切り)……1/2個
合い挽き肉……150g
油……小さじ1
塩・コショウ……各少々
＊牛乳……大さじ2
＊ナツメグ……少々
パン粉……適量
粉チーズ、パセリ(みじん切り)……適宜

作り方（調理時間約40分）

1 ジャガイモは柔らかくなるまで蒸かし、熱いうちに皮をむいてマッシュする。
2 フライパンに油を熱し、タマネギと合い挽き肉を加えて火が通るまで炒め、塩、コショウを加える。
3 ボウルに1と2、＊を合わせてよく混ぜて耐熱皿に入れ、パン粉をのせてトースターなどで焦げ目がつくまで焼く。
4 お好みでチーズやパセリをふる。

ポイント

・焼き上がりを大きなスプーンなどですくっていただきましょう。
・皮つき4色のジャガイモを使い、各材料を4等分してゾーンを分けて耐熱皿に詰めると、すくったときに色や味わいを楽しめます。

ポイント

・写真はピーマン3個、パプリカ(赤色・黄色)各1個を使用しました。
・ポルトガルの伝統的な調味料。寝かせることで醗酵させるのがポイントです。
・塩と同じように使うことができ、うまみがあるため料理の幅が広がります。

ズッキーニのペペロンチーノ風

材料（1本分）

ズッキーニ
ニンニク(みじん切り) ……… 1片分
赤トウガラシ(種子をのぞく) ……… 1本
パルメザンチーズ ……… 適量
塩 ……… ひとつまみ
粗挽き黒コショウ ……… 少々
オリーブオイル ……… 適量

作り方（調理時間約10分）

1 ズッキーニは、麺のように細長く切る。

2 フライパンにオリーブオイルとニンニク、赤トウガラシを入れて加熱し、香りが立ったら1を加えて炒める。

3 塩、コショウで味をととのえ、器に盛りパルメザンチーズをふる。

ポイント

・ズッキーニは包丁で細長く切れますが、ベジヌードルカッターといった専用カッターを使うと便利です。いつもと違うズッキーニの食感が楽しめます。

カラフルジャガイモのハッセルバックポテト

ポイント

・皮つきのジャガイモを数種使うと、カラフルで見た目も良いです。
・切り込みを入れたジャガイモは、水にくぐらせることで切り口のデンプンが落ち、離れやすくなります。
・切り込み部分にベーコンやチーズを挟んでから焼くと、ごちそう感が増します。

材料（4人分）

ジャガイモ ……… 中4個
塩 ……… ひとつまみ
粗挽き黒コショウ ……… 少々
オリーブオイル ……… 適量

作り方（調理時間約50分）

1 ジャガイモはよく洗い、皮つきのまま横に2〜3mm間隔の切り込みを入れる。ジャガイモは底になる部分を切り離さないようにする(菜箸などでジャガイモを挟むと、下まで刃が入りにくくなる)。

2 1をさっと水にくぐらせ、水気をふいてから、塩、コショウをふる。

3 オリーブオイルをかけて、200℃に予熱したオーブンで30〜40分焼く。

ダイコンとシラスのオイルマリネ

材料（3～4人分）

ダイコン ……… 200g
塩 ……… 小さじ1/2
＊シラス ……… 25g
＊ニンニク（みじん切り） ……… 1片分
＊赤トウガラシ（小口切り） ……… 1/2本
＊オリーブオイル ……… 大さじ2
＊塩 ……… 少々
青のり ……… 少々

作り方（調理時間約10分）

1 ダイコンは薄い半月、またはいちょう切りにし、塩をふって30分ほどおいて水気をしぼる。

2 フライパンに＊を入れて中火にかけ、香りが立ったら火を止める。

3 1を皿に盛り、2をかけて青のりをふる。

ポイント

・「紅しぐれ」を使用しています。鮮やかな紫が印象的で、ニンニク風味のシラスオイルでダイコンがたっぷりいただけます。

切り干しダイコンのカレー炒め

材料（4人分）

切り干しダイコン ……… 20g
合い挽き肉 ……… 100g
＊醤油 ……… 大さじ2
＊酒 ……… 大さじ1
＊砂糖 ……… 大さじ1
カレー粉 ……… 小さじ1
塩・コショウ ……… 各少々
青ネギ（3cmの長さに切る） ……… 適量
油 ……… 適量

作り方（調理時間約10分）

1 切り干しダイコンは水で戻す。

2 フライパンに油を引いて、挽き肉を炒める。火が通ったら1と＊を加えて炒める。

3 2にカレー粉を加え、さっと炒め、塩、コショウで味を調える。器に盛り、青ネギを散らす。

パプリカのフラン

材料（作りやすい分量）

パプリカ（赤色）……… 1個
ジャガイモ ……… パプリカの1/3
卵 ……… 1個
牛乳 ……… 1.2カップ
生クリーム ……… 1/4カップ
塩 ……… 少々
コショウ ……… 少々

作り方（調理時間約40分）

1 パプリカとジャガイモは皮をむき、フードプロセッサーなどで撹拌する。その他の材料をすべて加えて、さらに撹拌する。

2 1をシノワなどでこし、器に入れて180℃に予熱したオーブンで10分焼き、温度を160℃に下げてさらに20分焼く。中央を串で刺し、液が出てこなければでき上がり。

ポイント

・完熟のパプリカがおすすめです。

カラフルダイコン餅

ポイント

・生地にチーズやサクラエビ、ちりめんじゃこなどを加えてもおいしいです。

材料（1人分）

ダイコン ……… 200g
片栗粉 ……… 50～60g
塩・コショウ ……… 各少々
青ネギ（小口切り）……… 4～5本
オリーブオイル ……… 適量

作り方（調理時間約20分）

1 ダイコンはすりおろし、片栗粉、塩、コショウ、青ネギを加えて生地を作る。硬さはダイコンの水分で調整する。

2 フライパンにオリーブオイルを熱し、1をこんがりと両面焼く。

プンタレッラとアンチョビのサラダ

材料（3〜4人分）

プンタレッラ ……… 150g
＊アンチョビ（みじん切り）……… 3枚
＊ニンニク（みじん切り）……… 1片分
＊塩・コショウ ……… 各少々
＊レモン汁 ……… 大さじ2
＊オリーブオイル ……… 大さじ4

作り方（調理時間約10分 ＊水にさらす時間を除く）

1 プンタレッラは縦に細長く切り、30分ほど冷水にさらす。苦味が和らぎ、くるりと巻いて見た目もかわいらしくなる。

2 ＊を合わせてよく混ぜ、水気を切った1を加えてあえる。

ポイント

- プンタレッラは別名アスパラガスチコリといいます。アブラナ科の野菜で、えぐみと歯ごたえのあるイタリアの春の野菜です。多品目栽培ならではの珍しい野菜です。
- しっかりと水にさらしてえぐみを除き、相性の良いアンチョビを合わせてレモン汁でさわやかに仕上げました。
- プンタレッラの先端のやわらかい部分は、炒め物などにおすすめです。

サトイモ（サツマイモ）アイス

材料（作りやすい分量）

サトイモ（またはサツマイモ）
……… 200g
牛乳 ……… 100g
砂糖 ……… 大さじ2
塩 ……… 大さじ1
バニラエッセンス ……… 大さじ1

作り方（調理時間約10分 ＊冷凍時間除く）

1 サトイモは蒸して皮をむく。

2 フードプロセッサーにすべての材料を入れて攪拌する。

3 2を容器に入れて冷凍する。途中、何度か取り出して混ぜる。

ポイント

- 完全に固まる前に、何度か冷凍庫から取り出して混ぜることで空気が入り、ふんわり仕上がります。

6次化であると便利な機材

6次化を始めるときは最小限の機材で十分です。
軌道にのってきたら、専用の機材を導入します。
資金は必要ですが、この3つだけでも
あると商品やレシピの幅が広がる、
便利な機材をご紹介します。

ブレンダー

家庭用のミキサーよりも高速回転で刻むことで、
ハーブなど色鮮やかにペースト状にできます。

バジル、オリーブオイル、松の実、パルメザンチーズ、塩を加えてブレンダーにかけるだけで、ジェノベーゼが簡単に作れる。

ブレンダー。

摘果したメロンをカットする。

摘果メロンと調味料を加えて真空包装機へ。写真右が包装前、左が包装後。味が浸透しているのがわかる。

真空包装機にかけて、すぐに取り出した状態。しっかり味がついている。

真空包装機

真空パックはもちろん、
真空調理にも活用できます。

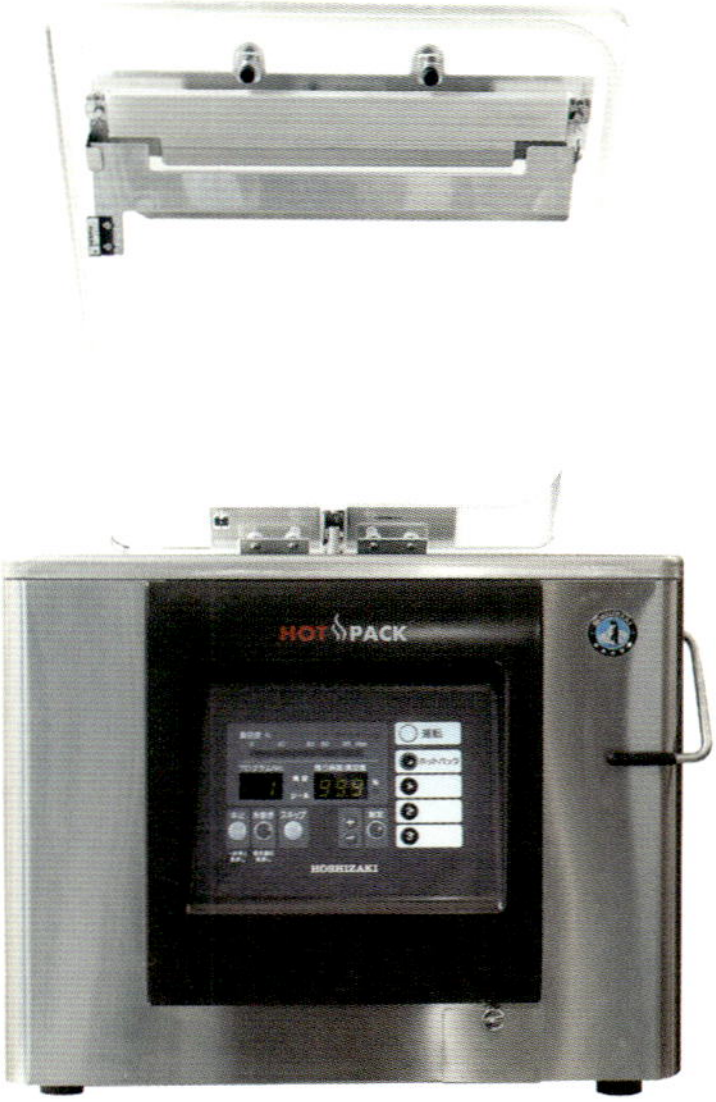

真空包装機。

スチコン＋真空包装機の合わせ技

真空包装機とスチコンを組み合わせて使うと、加工のバリエーションが広がる。写真左はダイコンの煮物。切ったダイコンに出汁と調味料を入れて真空包装し、スチコンで加熱。真空なので保存もきく。左から2番目はコリンキー、3番目は摘果メロン。いずれも浅漬け。右はスチコンでニョッキを調理し、急速冷凍したものを真空包装している。

スチームコンベクションオーブン

オーブン、スチームオーブン機能もあるスチームコンベクションオーブンは、煮る、焼くといった加熱調理だけでなく、殺菌にも使え衛生管理にも使用できます。

スチームコンベクションオーブン。通称「スチコン」。

ピクルス用の瓶の殺菌。野菜と調味液を加えてから、後殺菌もできる。

ジャガイモと調味液、ハーブを加えて後殺菌したピクルス。後殺菌は野菜に加熱するかどうかで、温度と時間設定を決める。あまり高温だと野菜に火が入りすぎてしまうが、低温で短時間だと殺菌効果がないので、加工品ごとに調整が必要。

ピクルス用のジャガイモ(小)をスチコンで蒸す。品種は「デストロイヤー」。イモの表面がデストロイヤーの顔のように見えることからこの名がついたといわれている。

多品目
少量栽培で成功できる!!

6章

自分で売る・販路の確保

売り先を妥協しない

ニワトリが先か、卵が先か。栽培が先か、販路が先か。

多品目少量栽培を目指す皆さんには、この問題が常に付きまとうかもしれません。

1～5章まで、栽培のアドバイスや加工品作りのノウハウについて、解説してきました。しかし、丹精込めて栽培した野菜や手作りの加工品も、売り先が決まらなければ、そこから先に進めません。残念ながら多品目少量栽培の農家が、「流通・販売」でつまずくケースはとても多いのです。

それなら、多品目少量栽培でやっていこうと決めた時点で、まず売り先を見つけることに専念するべきなのでしょうか。それも少し違います。形のないものに先行投資をしてくれるほど、世の中甘くはないからです。

難しいかもしれませんが、理想は同時進行。野菜を作りながら、販路を広げていくことができればベストです。そして、ニワトリと卵で考えるなら、まずは野菜の種子を播きましょう。種子を播かなければどんなに待っても芽は出てきません。

コスモファームの場合は、スタートから恵まれている部分もありました。以前からの仕事（農業コンサルタント、農業プロデューサー、野菜ソムリエ講師など）のつながりで、レストランのシェフなどと交流があったからです。

多品目少量栽培を始めた際に「コスモファームの野菜なら」と、人間関係や信用で契約をしていただけたおかげで、ゼロからのスタートにはならずに済みました。

もしもコスモファームの野菜や加工品の売り先がレストランだけだったら、現在の経営形態にはなっていなかったでしょう。徹底した多品目少量栽培。マルシェへの出店を地道に続けてきた結果、リレーのバトンがつながるように、出会いがつながって、現在の売り先にたどり着くことができたのです。

この経験があるからこそ、皆さんにも多品目少量栽培、加工品作り、そして納得できる販路の獲得をあきらめないでいただきたいのです。

「売り先を妥協しない」

これまでに出版されている多品目少量栽培の本と、本書の大きな違いはここにあります。この章では、そのために何をするべきか考えていきましょう。

販路にも「差別化」が必要

これまで農家は、販路について何も行動を起こしませんでした。勉強もしてきませんでした。その部分に触れてはいけないという暗黙のルールがあったからです。農産物はＪＡを通じて市場に出荷される系統共販が正しい流れで、自分で野菜を売るのはヤミ商売に等しい。そんな考え方が農業の世界には今も根強く残っているのです。

需要が供給を上回っていた時代には市場流通で野菜が売れましたから、この考え方に誰も異議を唱えませんでした。しかし食のグローバル化が進むなかで、海外からの農産物が安く入ってくるようになると、国産の農産物ではこれに対応できません。その結果、輸入品に押し切られるかたちとなった日本の農業は、世の中の流れに乗り遅れた産業になってしまったのです。

国はこの現状を打破するために、「第1次産業から6次産業化へ」と様々な支援を始めました。しかし5章でもお話したように、国のイメージする大規模な6次化と、個人の農家が実践できる6次化には隔たりがあります。

私が提案するのは、小規模農家が大きな借金をしなくても挑戦できる、個人レベルの6次化です。立派な加工所も、広大な圃場もなくていい。でも多品目少量栽培と、その加工品においては、他の農家とは一線を画しています。

となれば、販路についても考え方は同じです。人に頼らず、自分たちのできる範囲で売り先を探す。でも、ほかの農家とはひと味違う販路を確保する、ということですね。

5W2Hを意識する

販路を考えるときに、私が必ず念頭に置くのは「小さな売り場でも輝くような売り方」です。

多品目少量栽培では、売り先も「小さくたくさん持つ」ことが必要になります。個人のレストラン、直売所や道の駅、マルシェ。デパートやスーパーなどでの直売。ネット通販など、売り先の候補はいろいろあります。その中からどんな売り先を選べばいいのでしょうか。

そこでぜひ意識していただきたいのが、5W2Hです。

・When（いつ＝時期）
・Where（どこへ＝売り先）
・Who（誰が＝あなたが）
・What（何を＝多品目少量栽培の野菜、加工品を）
・Why（なぜ＝収入を得るために）
・How much（いくらで）
・How（どのように）

どこにどんな野菜を持ち込むか。そこにはいくつかのルールがあります。たとえば、都会のマルシェに出店するのに、近所のスーパーで買えるようなカボチャやナスを持って行ってもまったく売れません。直売所に置かれた大量の切り干しダイコンも売れないでしょう。珍しい野菜が届くのを期待しているレストランに、珍しいからと毎回同じ品種の野菜を届けていたら、途中で契約を切られてしまいます。

個人の家庭に送る野菜の詰め合わせに、説明もなく見たことのない野菜を入れたところでお客さんは戸惑うばかり。次の注文は入らないでしょう。

ではどうすればいいのか。都会のマルシェなら、色鮮やかなカラフル野菜や、最近人気が出てきたイタリア野菜を並べれば、お客さんは興味を持って足を止めてくれます。直売所でも、他とはちょっと毛色の違う野菜が並んでいることで目を引き、固定のファンがつくかもしれません。

レストラン向けには、珍しい野菜と使い勝手の良い野菜、観賞用の野菜など、シェフの意欲をそそるラインナップをバランスよく詰め合わせれば、飽きられることはないでしょう。

個人のお客さんに販売するなら、新顔野菜には、その特徴やレシピを添付するだけで印象がまったく変わります。購入者の立場に立って、「適材適所」を考え、品種の選び方、組み合わせ、見せ方、そしてひと手間を加える。ちょっとした工夫で、同じ野菜や加工品が輝いて見えます。売り先が決まったら、あるいは売り先を探す時点で、５Ｗ２Ｈを意識する癖をつけましょう。

販路の確保
コスモファームの場合

コスモファームの売り先が決まった流れをご紹介しておきましょう。

百貨店と契約が決まるまで

1 多品目少量栽培を始める。

2 香川県の行政と県内の企業が発信する「うどん県。それだけじゃない香川県。」というプロジェクト(平成23年立ち上げ)の一環として、東京から香川の農産品を視察する団体が訪れる。アスパラガスやタマネギの農家を紹介するが、それなら香川でなくてもいいのでは？ という意見が出る。

そこで最後に、香川では珍しい多品目少量栽培を営む農家の代表として、コスモファームの圃場見学に訪れる。「面白い」と興味を示してくれる。

3 このとき参加していた百貨店のバイヤーから、野菜を扱ってみたいと打診がある。食品売り場にコスモファーム専用の棚を作ってもらえることになり、契約成立。

4 レタスブーケなど、多品目を活かしたカラフル野菜、新顔野菜を定期的に出荷。

5 現在は、ピクルスも販売。百貨店のオーダーに合わせて、季節ごとに種類を変えている。また百貨店のネットショッピング経由で、月替わりの野菜の詰め合わせも販売している。

6 百貨店の野菜を見た別のスーパーの担当者から、うちでも商品を扱いたいと連絡があり、こちらも契約成立。

高級食材セレクトショップとの契約が決まるまで

1 多品目少量栽培を始める。

2 規格外野菜を利用してピクルスを製造する。

3 東京青山のマルシェ「Farmer's Market @UNU」に参加。カラフルなピクルスがマルシェで話題となる。

4 リサーチに来ていた高級食材セレクトショップのバイヤーから声がかかり、ピクルスを扱ってみたいと打診される。

5 全店舗にて販売することが決まり、契約成立。

6 大阪の百貨店内にセレクトショップがオープン。コスモファームのピクルスに興味を示した有名宿泊施設の支配人から連絡を受け、ホテルのグルメショップで扱いたいと打診される。こちらも契約成立。

これが、現在のコスモファームを支える売り先と出会いです。多品目少量栽培の品種の豊富さ。そして「差別化」と「適材適所」（5W2H）がマッチングした結果、プロであるバイヤーの目に留まったのだと私は分析しています。

「商品力さえあれば、商品が営業をしてくれる」、これは私の持論です。商品が輝いていれば、強引な売り込みをかけなくてもチャンスはつかめるのです。

また、ひとつの販路が動き出すことで、そこから次へ、さらに次へとチャンスは広がっていきます。このチャンスを絶対に逃さないこと。躊躇していたら次はありません。もちろん、その売り先がしっかりとしたところである、契約条件に問題がないという前提のもとです。

そして付け加えるなら、決して驕らないこと。契約した数以上に野菜の栽培面積、加工品の製造量、人手を増やしてはいけません。設備や人手を増やすというのは、「現状ではとても回らない」というギリギリのところまできたら考えればいいのです。

売り先をどう選ぶか

では、野菜の売り先として考えられるのはどんなところでしょうか。

大きく分けると次のようになります。

1 ＪＡに加入し、共同出荷
2 小売業者と契約して出荷
3 スーパーやコンビニなどで直売
4 レストランなどと直接契約して販売
5 ネットなどを利用して消費者に直接販売
6 直売所、道の駅で販売
7 マルシェで販売

このほかに、直接市場に持ち込んでセリにかけて販売するという方法もあります。これは常に市場との取引がないと価格はつきません。

また、**1**の「ＪＡに加入し、共同出荷」と、**2**の「小売業者と契約して出荷」については、単品大量生産が原則です。多品目少量栽培ではなかなか扱ってもらえません。

3の「スーパーやコンビニなどで直売」。コスモファームが百貨店で棚を作っていただいているように、最近はこのスタイルが広まってきています。「○○さんちのコマツナ」など、生産者の顔が見える野菜は人気です。

しかし、特にコンビニなどで求められるのは一般的な品種がほとんど。珍しい品種ばかりでは説明が必要なため、扱ってもらえない可能性があります。出荷のことも考えて生産地から近い店で、小規模農家の野菜コーナーが設置してもらえるのか、可能性がありそうかリサーチしてみる価値はあります。

4の「レストランなどと直接契約して販売」については、何のつてもないまま、いきなり店に売り込みに行く営業は難しいでしょう。知り合いからの紹介や、行きつけのレストランなど、まずは面識のある店に話を持って行くことをお勧めします。レストランにもいろいろな形態があります。大手チェーン店では小規模農家は対応することはできません。オーナーシェフのお店や小規模レストランチェーンであれば取引の可能性もあるでしょう。シェフ同士というのは意外と横のつながりがあるもの。「どこの野菜を使っている」など情報交換も盛んです。最初のきっかけがつかめれば、契約店舗を増やすことは可能です。

また、契約が決まったうえで、店に加工品を置いてもらったり、定期的に野菜の販売ができるかもしれません。が、これも信頼関係を結んでからの話です。

コスモファームでは、東京・神楽坂にあるイタリア食材店で、定期的に店頭マルシェを開催していた時期がありました。このケースでは先方から話をいただいたのですが、たとえばレストランの店頭で、月に1度「ミニマルシェ」を開催するなどの提案ができるかもしれません。アイデア力も磨いておきましょう。

農業とインターネット

5の「ネットなどを利用して消費者に直接販売」について。ここで農業とインターネットの利用に関して考えてみましょう。

コスモファームでも、百貨店を通じてオンラインショップでの野菜販売をしています。しかし手続きその他は、百貨店経由で通販会社に委託。コスモファームの作業は基本的に、依頼のあった数の野菜ボックスを発送することです。

これはあくまでも個人的な意見ですが、私もインターネットの利用には賛成するものの、オンラインショップについては慎重に考えたいと思っています。

最大の理由は、さまざまな手続きと管理の煩雑さです。カード決済のできる本格的なショップを立ち上げるとなれば、セキュリティ対策を万全にするためにも専門業者に頼むことになり、その金額もばかになりません。

経費を削減するために、自社で管理するとなれば、注文や入金の確認、データ管理など、パソコンの専門知識も必要になりますし、時間も取られます。1人農業でこれらをこなすとなったら、眠る時間を削るしかなさそうです。農作業とは別に、ショップの管理担当者がいるのなら、今後拡大する販路として活用するといいでしょうが、まずスタートとしてはムリをしないことでしょう。

注意したいのは2点。１つめは、大手のオンラインショップに「野菜ボックス」などの販売を委託する場合、きちんとしたホームページを立ち上げること。

２つめは自分で管理をする場合、セキュリティを万全にすることです。オンラインショップを立ち上げる際、ホームページは農家の名刺代わりになります。たとえば消費者が、大手のネットショップから検索してあなたの野菜にたどり着いたとして、購入前にチェックするのはホームページです。立派である必要はありませんが、更新された形跡がない、商品の説明が一切されていない、そもそもホームページにつながらないとなると、購入は控えるのが心理です。

しかし、ホームページの作成を業者に依頼した場合、トップページ、下層ページ作成費、問い合わせフォーム設置費、オンラインショップページ作成費など、諸々を合計するとどんなに安く見積もっても50～１００万円単位の費用がかかります。一定の数の野菜や加工品が売れないうちから、それだけのものが必要か。費用をかけてもオンラインショップを充実させるのか。まずは検討してください。

コスモファームにもホームページがあります。販路が広がったことで必要に迫られて立ち上げました。ハード部分は業者に依頼しましたが、それ以外は息子が制作。カラフルな野菜の写真など、デザイン性も高いですし、シンプルで見やすい仕上がりになっています。オンラインショップへのアクセス、ブログ、マルシェへの出店情報、スタッフ紹介など、基本的な情報はすべてここから拾うことができます。

SNSをフル活用

一方、私が活用しているのは、手軽に取り組めるSNS（Facebook）です。農作業中に収穫した野菜の写真を撮って、コメントを付けてその場でアップ。マルシェのひとコマをアップ。イベントの情報をアップ。日に数回アップすることもある、かなり熱心なユーザーです。SNSは手軽さと即効性が何よりも魅力。そして費用がかからないのもありがたいですね。

反応がすぐに返ってくるので、マルシェに出店する際は告知しておくと、読んだ方がひょっこり顔を出してくれることもあり、伝言板としても役立っています。

SNSで友人や知人に情報を拡散（共有）

ビジネスに発展する場合のためにホームページを準備し、日々の情報拡散をSNSで行う、という使い分けが、ベターではないでしょうか。

注意したいのは、SNSを利用する場合のマナー。仕事として利用する以上、プライベート用と分けましょう。子どもやペット、趣味の話はNG。農業や野菜に関係すること以外は載せません。人を攻撃するような内容もタブーですし、自慢もいけません。

さらにいかにも広告的な内容は避けましょう。収穫の報告や、マルシェ、直売所への出店情報などを淡々と伝えるくらいがスマートですし、受け手側も楽しめます。抑え気味のトーンのほうが、内容はよく伝わるものです。

このほかにも、Twitter、Instagram、無料ブログサイトなど、さまざまな情報発信の手段があります。自分に合ったものを見つけて、継続して発信することが信用につながります。

直売所、道の駅で販売

農林水産省の統計によれば、国内にある農産物直売所の総数は、平成25年度調べで2万3700ヵ所に上るといいます。かなりの数ですが、これには2つの理由があります。

1つは平成5年、各地の主要道路沿いに「道の駅」が設置されたこと。直売所はそのインショップというかたちで出店し、これが現在の大規模直売所の原型となりました。

もう1つは平成22年に「六次産業化地産地消法」が公布されたこと。農家の手がける加工品の売り先として、直売所が注目されました。

自分が作った野菜が本当に売れるのか。その確認もかねて、私がぜひお勧めしたいのが直売所です。直売所の場合は委託が基本。契約した直売所に、朝野菜を搬入し、売れ残った野菜は夕方引き取るのが原則です。そのぶん、販売手数料も安いですし、契約条件もさほど厳しくないので（大人気の直売所はまた別です）、参入しやすいでしょう。売り場に詰める必要もありませんし、農作業と同時進行で売ることができるのも助かります。

ひと口に直売所といってもその規模や経営形態はさまざま。ＪＡの運営する直売所、地元の農家が集まって組織を作り運営する直売所。最近は、自宅の一部を改装した個人の直売所も人気があります。

規模も、道路沿いの「無人販売」に近いものから、レストランや民泊、農業研修まで手がけるテーマパークのような直売所まであります。

現在も続く、最も古い直売所とされるのが鎌倉

農産物直売所数

農林水産省2010年
世界農林業センサス結果の概要

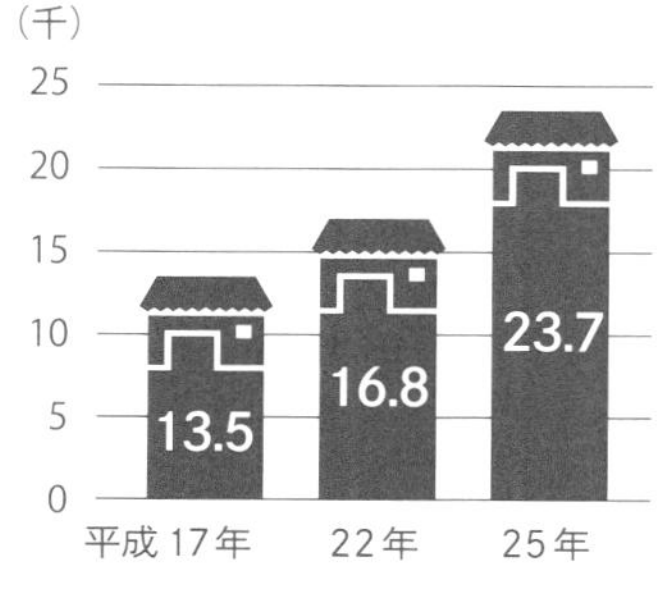

農産物直売所
運営主体別事業体系数（平成25年度）

農林水産省６次産業化統計表

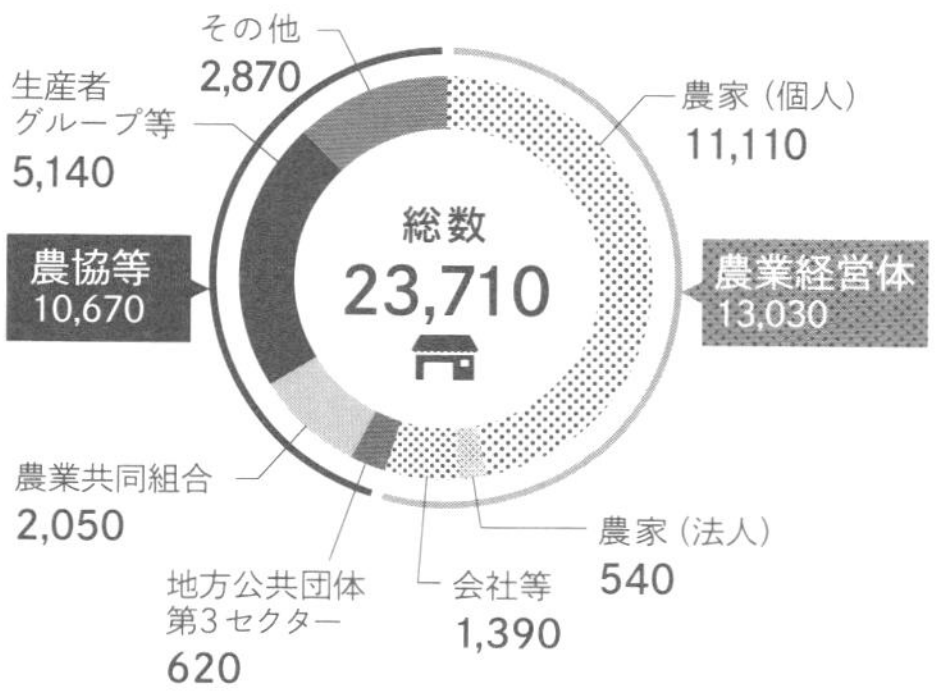

の廉売所です（昭和2年〜）。鎌倉の農家20数軒が集まり、自ら農産物を販売するスタイル。品種も多く、近隣の飲食店がオリジナリティを求めて買いに来ます。それが「鎌倉野菜」というブランド化につながり、さらに人を呼ぶきっかけになっているのです。直売所の原型であるのと同時に、対面販売を基本とした余分なものを持たないシンプルで理想的な直売所として価値があると思います。

私もこれまで講演会などに招かれて、さまざまな直売所にかかわってきました。そこで感じるのは「魅力的な直売所」と「つまらない直売所」の落差が広がっていることです。

直線距離で何km も離れていないところに2軒の直売所があり、同じような広さで、経営している。一方は同じ野菜がズラリと並んでおり、値段もバラバラで、接客態度も良いとはいえない。もう一方は農産物のバラエティが豊かで陳列もきれい。従業員が明るく、挨拶もきちんとできる。当然人は後者に集まります。何を当たり前のことを、と思われるかもしれませんが、現実にこのような格差が広がっているのです。

「小さな売り場でも輝くような売り方」を目指すのであれば、自分の野菜をどんな直売所に置くのか、きちんと吟味しましょう。「販路の確保」という視点だけにとらわれて、ありきたりな直売所に委託してしまったら、小遣い稼ぎにもならないし、将来的な発展は見込めません。

直売所のメリット・デメリット

では、直売所のメリット、デメリットについて考えてみましょう。

【メリット1】

直売所には「共通するルールがない」ことでしょう。出店の契約をして売り場を確保した場合、売り場面積は決まっていますが、持ち込む野菜や加工品の量、種類、価格は農家が自由に決められるケースがほとんどです。同じ直売所内で大きな差が出ないように価格の調整を行うことはあっても、価格を統一するような厳しい縛りはありません。

この緩さを利用して、多品目野菜の売り方をぜひ勉強してください。同時に、どのような野菜が売れるのか、いくらなら買ってもらえるのか。お客さんの目を引く陳列方法は？レシピを添えたらどうだろうなど、自らの試みを実践できるチャンスです。

【メリット2】

「地産地消」の魅力。収穫してすぐに農産物を販売することができるので、より新鮮なものを提供できます。経費も、運賃、梱包代、生産者の交通費なども微々たるものでしょう。販売手数料についても1割ほどが目安で、マルシェなどに比べて安いのが魅力です。

【メリット3】

規格がないこと。どんなサイズの野菜でも出荷することができます。

【デメリット1】

商品は委託が基本。生産者とお客さんが直接触れ合う機会がないことはデメリットです。時間があれば出店している直売所に足を運んで、お客さんの流れや、購買の様子などをチェックしてみるといいでしょう。

【デメリット2】

直売所によって、意識の高さの違いがあります。自分の作った野菜や加工品、売り方にこだわりを持って臨んだとしても、直売所全体の意識が低ければ同じに見られてしまいます。これまで、多くの直売所にアドバイザーとしてかかわってきましたが、直売所の数は飽和状態になっており、今後特徴のない直売所は淘汰されそうです。魅力的な直売所は「やる気」も「アイデア」もレベルが違う。本気度も違います。

圃場からあまり離れた直売所では野菜の搬入や引き取りが負担になってしまいますが、近隣の直売所をできる限り回って、リサーチしましょう。清潔さ、明るさ、商品の魅力度、陳列のセンス、そしてお客さんの有無をチェック。多品目の珍しい野菜が売れそうな直売所かどうかも確認しましょう。扱ってもらえても売れないのでは困ります。

たかが直売所、されど直売所。ぜひ、勢いのある直売所を見つけて、売り場を確保してください。

おおむら夢ファームシュシュ

熱心に取り組んでいる加工品の陳列棚。

長崎県大村市にある「おおむら夢ファームシュシュ」は、私が知る限り、いま最も活気と魅力にあふれた直売所（?）です。2015年度「全国直売所甲子園」では見事優勝。それなのになぜ（?）マークがつくのかといえば、「シュシュ」の場合、もはや活動も施設の充実ぶりも「直売所」という括りには納まりきらないからです。

平成8年、地元農家の青年8名が集まって、共同出資による有限会社「かりんとう」を設立。自分たちの農地にビニルハウスの直売所「新鮮組」をオープンしました。これが「シュシュ」の始まりです。当初は自らが生産した野菜、果物、畜産物などを中心に販売していました。

平成15年に社名を「おおむら夢ファームシュシュ」に変更。「シュシュ」とはフランス語で「お気に入り」の意味で、会社設立時から目指していたのは「地元産へのこだわりとオンリーワン」。また、会社の基本理念に「6次産業化を目指す」と明記しており、加工品の製造販売にも熱心に取り組んできました。こうして生まれたのが、「シュシュ」のヒット商品「黒田五寸ニンジンジュース」です。

ここまでの活動なら、同様の直売所は他にもあるでしょう。しかし「シュシュ」のすごさはここから。ニンジンジュースのヒットをきっかけに快進撃が始まります。

私が感心するのは、まずアイデアの素晴らしさです。たとえば、ブドウ棚のあるビニルハウスを利用した農家レストラン。もちろん地元大村の野菜や畜産物を堪能できますが、それだけではありません。この施設では、結婚式を挙げることもできるのです。

このほかにも、一般的な収穫体験はもちろんのこと、食育を学ぶ料理教室、農業を目指す若者やシルバー世代に向けた「農業塾」、農家に泊

レストランでは畑でとれた野菜の料理を提供。

まる「農家民泊」。さらには、「シュシュ」の取り組みについて学ぶ、体験型の視察プランなど、誰も考えつかないことを形にしてしまう。「差別化」が実にうまいのです。

お客さんは、さまざまなイベントに参加し、ランチを食べて、お土産を購入。一日たっぷり遊ぶことができます。一日遊べる直売所！ この発想がすごいのです。

代表取締役で立ち上げメンバーの山口成美さんは、6次産業化への功績が認められ、農林水産省が選定する「地産地消の仕事人」100人のひとりに選ばれました（ちなみに私は選定委員でした）。

私も仕事で「シュシュ」には何度もお邪魔していますが、社員教育が徹底しているのでしょう。いつ行ってもスタッフが明るく元気で礼儀正しいのです。社員の意識が高い会社が成長するのは定石でしょう。

熱意のある農家の青年8人が始めたビジネスは、現在敷地面積1万5000㎡。役員8名、社員72名。年間50万人もが訪れる地域のランドマーク的存在に発展しました。

これ以上多くは語らなくても、「直売所」に無限の可能性があることはおわかりいただけたでしょう。

直売所・レストラン外観。ログハウスでこだわりが感じられる。

レストランで使われているランチョンマット。

有限会社 シュシュ
info@chouchou.co.jp

マルシェに参加しよう

コスモファームを支える多品目少量栽培と、ピクルスなどの加工品製造販売。その足掛かりとして欠かせない存在が「マルシェ」です。

2章でもマルシェについて詳しくお伝えしたように、ここでの出会いがなければ、コスモファームの販路は今のように確立されませんでした。

講演会や講師の仕事で（もちろん圃場での作業も含めて）、全国を飛び回る今でも、私ができる限り青山のマルシェに出店し続けるのは、もちろん新しい出会いや馴染みのお客さんとの交流を続けたい思いもありますが、農業を頑張る若い後輩たちの相談役として、役に立てたらいい、恩返しがしたいという思いもあるのです。

マルシェは、多品目少量栽培、そして6次化に挑戦する皆さんにとって、直接の販路であると同時に、マーケティングリサーチの場であり、マッチメイクの場にもなり得ます。その感覚を実感していただくためにも、直売所とは違った視点で、ぜひマルシェを体験してください。それも地元のお祭り屋台風のマルシェではなく、都市の中心部で開かれる、「お洒落に休日を楽しむ場」としてのマルシェが目標です。

多品目少量栽培とマルシェの相性はとても良好です。結果的に売り上げが伸びなかったとしても、必ず得るものがあるはずです。

しかしいきなり出店するのは、ハードルが高いので、最初はマルシェにお客さんとして足を運んでみましょう。品揃えや接客技術など学ぶ点は多いですし、何よりマルシェの空気を実際に体感できます。具体的にこんなことに注目するとよいでしょう。

- 自分の作っている野菜、加工品と、マルシェで販売されている商品の違い。
- ブースのデザインや商品の売り方、接客の仕方。
- マルシェの魅力を知る。購買層や雰囲気など。

マルシェを何周かまわると、人の集まる店とそうでない店があるのがわかるはずです。野菜も加工品も、似たような商品を揃えていながら、一方は人が足を止めるのに、もう一方は素通りしてしまうのです。その違いがどこにあるのかチェックしてみましょう。また、はっと人目を引くような珍しい商品があったか。ユニークな販売方法（袋に詰め放題など）を実践していたかなどもチェックしたいところです。

マルシェの雰囲気は肌で感じるしかありませんが、購買層の年齢や男女の比率、家族連れかカップルか、女性同士かなども、開催場

出店時に気をつけること

- □ 野菜の品種
- □ 品種の数
- □ 鮮度
- □ 加工品の内容
- □ デザイン
- □ 価格設定
- □ 商品の量(ひと袋の大きさなど)
- □ 商品のネーミング
- □ 店のレイアウト
- □ 接客態度
- □ 商品説明の有無
- □ 試食の有無
- □ 試食した味の良し悪し
- □ サービス(おまけ)

所や、曜日によって変わってくるので確認しましょう。混む時間帯やマルシェまでの交通機関も調べておきます。

マルシェに出店する準備と覚悟ができたら、月に1度、3ヵ月に1度など頻度を決めて定期的に参加することです。販路拡大のチャンスは、何度か出店を続けることで初めてやってきます。プロであるバイヤーが直感的にいいと思った野菜や商品を見つけたからといって、その場で声をかけるケースはまれでしょう。何度か出店しているなかで、確かな集客力がある、一定のクオリティを毎回保っているなどの要素も鑑みて声をかけるのが一般的です。「馴染み」になるのも大切なポイントなのです。

マルシェのメリットとデメリット

ではマルシェに出店するメリットとデメリットにはどんなものがあるのでしょうか。

【メリット1】

最大の魅力は、プレゼンの場ということでしょう。自身の農業スタイルや農産物を都会に住む方々に直接売ることができる場はマルシェだけです。また野菜や加工品の規格がなく、価格も自由に決められることでしょう。むしろ珍しい品種に興味を示してもらえますし、都市部ということで、競争もないことから直売所と比べて高めの値段設定（もともと価格の高い野菜も含め）でも売れる、まさに多品目少量栽培にはうってつけの場です。

反面、ディスプレイや売り方についてはセンスが要求されます。自信のない方は、最初は他店のまねでも構わないので、工夫する努力をしてください（163ページ、マルシェリポートも参考に）。試行錯誤するうちに、「売れるディスプレイ」「売れる接客」が少しずつわかってきます。

【メリット2】

やはり「販路の開拓」に絶好の場だということでしょう。プロの目に留まれば、仲介業者を通さずに商談に持ち込むことができます。そのためにも、きちんと会話のやり取りができること。自分の作る野菜や加工品についての知識をしっかり持つことが必要です。

これはコスモファームでも実践している方法ですが、タブレットPCに圃場の様子や、品種のアップ写真、料理の写真などを入れておき、画面を見ながら説明します。口頭での説明よりもわかりやすいですし、イメージもしやすいのでお勧めです。

名刺や、手作りで構わないので手渡しのできるチラシなども用意しておくといいでしょう。出店者同士の情報交換の場にもなるので、気になる店があれば声をかけて、アドバイスをもらってください。

【デメリット1】

経費が予想以上にかかることは覚悟しておきましょう。

出店料、配送料、交通費、場合によっては宿泊費など、最初のうちは赤字覚悟です。利益を得るためにマルシェに出店しても、それはなかなか難しいでしょう。他の出店者を見回しても、利益追求の出店者は農家ではありません。商売を目的に出店する業者もたくさんいるなかで、いかに自分の店舗を光らせるか。ここが大きな課題になります。

【デメリット2】

農作物の栽培には、本来「有機」、「慣行」、「特別」しかありませんが、造語の「自然栽培」を堂々と謳っているケース。ドライトマトの製造に砂糖を使用しているのに「塩」の表示しかしていないケース。そもそも農業従事者ではなく、業者が堂々と輸入食材を売っているなどトレーサビリティ（食品の安全を確保するために、栽培や飼育から加工・製造・流通などの過程を明確にすること）のぬるさは、残念ながらマルシェの悪しき部分です。

自分が定期的に出店するマルシェを探すうえで、主催者の管理体制や意識の高さも確認しておきたいものです。

マルシェについての最終目標は、拠点となるマルシェを決めて継続的に出店すること。同じ金額をインターネットの管理料に支払うなら、マルシェの出店料に投資したほうがいいかもしれません。売り先の照準をどこに定めるのか、それをどう販路の確保につなげるのかはとても難しいテーマです。でも、「売らなければ食べていかれない」という現実も、そこに迫っています。

多品目少量栽培、そして多品目を活かした加工品の開発をめざすなら、今から行動を起こしましょう。

マルシェに参加するには？

「マルシェに参加してみよう」といっても、どうやって参加すればいいのか。事前にどんな準備が必要なのか。当日の段取りは？　などわからないことだらけでしょう。

そこで、このコーナーでは、コスモファームが月に4回ほどのペースで出店している東京青山のマルシェ、「青山ファーマーズマーケット」の一日をリポートしてみました。

NPO団体「Farmer's Market @UNU」が主催する青山のマルシェは、毎週土日開催。場所柄もあってヨーロッパの朝市をイメージした、お洒落な雰囲気が人気です。野菜だけでなく、加工品や食品以外の商品ブース、キッチンカーなどおよそ100店舗が参加しており、青山という場所柄、毎回かなりの賑わい。

出店料は、野菜を販売する農家の場合、1ブース7000円、加工品の場合12500円となかなか高額で、正直儲けを出すのは難しいところです。その代わり、マルシェのノウハウを学べますし、横のつながりもできます。近隣に店を出すレストランのシェフや、食品メーカーのバイヤーなども頻繁に顔を出すので、売り先をつなぐチャンスにもつながります。

出店料は「受講料」だと思って、少々足が出ても仕方がないくらいに構えておきましょう。また、どこのマルシェでもあるわけではありませんが、青山ファーマーズマーケットの場合は出店の審査もあります。

公共交通機関を利用しての参加も可能

設備が充実しているのも、青山のマルシェの特長です。会場には事前にテントが設営されており、少々の雨はまったく問題ありません。電源も1000Wまで借りられるので、お湯を沸かすなどの簡単な作業ができます。テーブルや木箱などの什器も借りられます。

荷物は、宅配便での午前指定で事前に送っておけば、当日の朝9時までに会場に配送してもらえるうえ、運営スタッフが受け取り場所にまとめて保管してくれます。

集荷も可能で、当日の16時までに荷物と伝票を用意して本部に持ち込めば、宅配業者が集荷に来てくれます（着払い）。コスモファームでもこのサービスを利用して、販売する野菜が決まると、香川の農場から会場に配送しておきます。地方から参加している場合、電車や夜行バスを利用して、商品は往復配送。残りは手荷物にまとめているという人も多いようです。ただし、ごみは基本持ち帰りなので、注意しましょう。

マルシェの1日

@青山ファーマーズマーケット

8:00

マルシェ当日の朝。コスモファームの横浜事務所を出発。同行するのはスタッフの千葉ひとみさん。マルシェ経験豊富で、準備も完璧。今回は荷物が多く、車で出かける。

9:00

会場に到着。道路沿いに車を止め、荷物を運び出す。駐車場はないので、荷物を降ろしたら車をコインパーキングに移動。都内でも一等地のパーキングは料金が高いので、経費として用意する。

ブースの設営。テーブル(1800㎜×900㎜)と、木箱4箱、木箱の置台はマルシェから借りる。機材置き場に取りに行き、組み立て。用意してきた布を敷き詰めれば売り場の下準備完了。

荷ほどきをして、ブースに配置する。

本日の野菜・加工品リスト

- ●カラフルトマト詰め合わせ
  1kg 15種類入り
  1500円(15箱)
- ●カラフルニンジンの詰め合わせ
  10本入り500円(20袋)
- ●イタリアナスあれこれ
  2個入り200円(20袋)
  *「リスターダデガンディア」、「ロッソビアンコ」、「ヒスイナス」、長ナスなど
- ●コリンキー
  1個250円(15個)
- ●レッドオニオン
  1個120円(15個)
- ●コールラビ
  2種各1個入り
  250円(10袋)
- ●ビーツ
  2個入り1袋250円
- ●カラフルジャガイモ
  1kg 500円
  *「シェリー」、「デストロイヤー」、「ノーザンルビー」、「シャドークイーン」、「はるか」、「インカのめざめ」
- ●アーティチョークの花
- ●ピクルス
- ●オリーブの塩漬け
- ●カラフルトマト詰め合わせ

気軽に話しかける

慣れるまではお客さんとの対面販売に緊張するかもしれません。しかし、お客さんの側も、店の人に声をかけるのは緊張するもの。足を止めてくれたところで、「それ、アーティチョークの花なんですよ。残念ながら食べられませんけど(笑)」と、さりげなく声をかければ会話が生まれます。「さあ、いらっしゃい」とやるのは逆効果ですが、最初の一声はこちらからかけたいものです。

マルシェの1日
@青山ファーマーズマーケット

10:00

すでに場内はお客さんが多数。今回は会場内でコーヒーの試飲イベントなどもあり、出足が早い。

コスモファームから定期的に野菜を購入してくれている近隣のレストランのシェフが、買い物がてらのぞいてくれて、ひとしきりおしゃべり。こんな交流もマルシェの楽しみ。

今回人目を引いているのは、アーティチョークの花。観賞用だが、かなりの人が足を止める。マルシェではこの「足を止めてもらう」ことがとても大事。花の説明から、野菜にも興味を持ってもらうのがねらい。

12:30

試食スタート。すぐに人が集まって来て、カラフルなジャガイモに興味を示す。売れ行きは好調。人だかりがさらに人を呼ぶ効果もあり、にわかに大忙し。

いろいろな品種を用意しているので、試食を出す。大学の構内にあるキッチンで水道を借りる。火は使えないので、カセットコンロなどを持ち込んで作業。ジャガイモは色の違う3種類をスライスし、オリーブオイルを回したスキレットに並べて焼く。塩、コショウ、オリーブオイルを回しかけ、バーナーで上から軽く焼き目を付けてでき上がり。

今回の目玉商品のジャガイモ。ジャガイモは重量があるので、自分で好きな種類を選んで秤に乗せ、グラム単位で購入できるようにしたところ好評。意外と1kg単位で購入してくれる。

15:00

アーティチョークの花が売れたので、カラフルなトマトを真ん中に配置換え。手に取れる位置にある野菜はよく売れる。ピクルスもオリーブなど定番商品もよく動く。生鮮野菜が中心で、加工品が全体の3〜4分の1ほど。このバランスがマルシェの黄金比!?

16:00

大盛況の一日。そろそろ撤収の準備。なるべく売れ残りを出さないように、最後は値段を下げて販売。ここでまた、ひとつのピークがある。野菜を段ボールに戻して、ごみをひとまとめに。什器を再びばらして返却する。使った包丁やスキレットはそのまま持って帰ってから洗う。売り上げ計算も帰ってからの仕事になる。

17:00

忘れ物がないか確認して、完全撤収。荷物を車に積み込み、一路横浜へ。今日も長い1日。お疲れさまでした。

販売しながら営業活動も!

野菜の特徴を伝えるために、購入してくれた方に野菜を詳しく紹介したメモを配っています。手間はかかりますが、このひと手間がリピーターにつながります。

また午前中のお客さんは、地元のマダムやレストランのシェフが中心。野菜の知識も豊富ですし、目利きもあります。販路を広げるうえでも勝負の時間帯なので、必ず店にいて、野菜や加工品、農場の説明ができるようにしておきましょう。名刺やチラシなどの準備も忘れずに。

必要な道具

・おつりも含めたお金・領収書・野菜を入れるレジ袋(大きさ2種類)・ジャガイモ用の紙袋・電卓・ハサミ・カッター・テープ・ティッシュ・秤・試食調理用としてスキレット・包丁・ざる・まな板・カセットコンロ・バーナー・皿・楊枝・調味料・台車などを持ち込みます。あると便利なのがタブレットPC。コスモファームでは、珍しい野菜の調理方法や、圃場での写真などを画像で見てもらうために必ず持って行きます。口頭での説明だけよりもずっと伝わりやすくなります。

マルシェ情報

Farmer's Market @ UNU
(青山ファーマーズマーケット)

会場 青山・国際連合大学前広場　日時 毎週土・日曜／10時～16時

規模と開催数は都内トップレベル。農産物のほか、加工品も多数。キッチンカーの出店、イベントなども多く、常に賑わっている。バイヤーやシェフなど、プロからの注目度も高い。

http://farmersmarkets.jp/

太陽のマルシェ

会場 月島第二児童公園　日時 月1回土・日曜／10時～16時（4～9月は17時まで）

2013年にスタートしたマルシェ。高層マンション群から近いこともあり、家族連れで楽しめるマルシェになっている。ワークショップなども多彩で、食育に興味のある生産者、お客さんが多い

timealive.jp/

かもめマルシェ

会場 横浜ベイクオーター 3階　ゲート広場

日時 毎月第4土曜日／11時～17時（変更あり）

横浜駅直結の商業施設で開催されるマルシェ。横浜らしく運河を望むロケーションが心地よい。湘南・鎌倉からの出店も多い。

https://www.nkbmarche.jp/かもめマルシェ-毎月4土/

芦原橋アップマーケット

会場 JR大阪環状線芦原橋駅徒歩2分　日時 毎月第3日曜／10時半～16時

3つの会場で合わせて100以上の出店がある大規模マルシェ。出店者、来場者の交流を大きな目的の1つとしている。駐車場に隣接しているので、商品の搬入搬出がスムーズなのも魅力。

https://chicappa-sarto.ssl-lolipop.jp/reedjp/up/entry/

東京朝市
アースデイマーケット

会場 代々木公園・けやき並木
井の頭公園・御殿山エリア

日時 月1～2回土・日曜（不定期）／10時～16時

http://www.earthdaymarket.com

ヒルズマルシェ

会場 六本木アークヒルズ
アーク・カラヤン広場

日時 毎週火曜／11時～19時
毎週土曜／10時～14時

2009年に始まった老舗マルシェ。出店までの審査が厳しい（面接）だけに、生産者自身が出店、接客しているブースが多い。信頼度は高い。観光客も多い。

http://www.arkhills.com/hillsmarche/

YEBISマルシェ

会場 恵比寿ガーデンプレイス・シャトー広場　日時 毎週日曜／11時～17時（12月のみ16時まで）

基本的に国産であること、農産物・加工品ともに規定のトレーサビリティの提出ができること、といった規定がある。

https://www.nkbmarche.jp/yebisu-marche-毎週日/

大阪マルシェ　ほんまもん

会場 御堂筋沿い淀屋橋odona前　日時 毎週水曜

ビジネス街の真ん中で開催されるマルシェ。「地産地消」を目指し、主に関西周辺の農産物・加工品が並ぶ。大阪ならではの活気が魅力。

http://midorigumi.org/vegetable/

多品目
少量栽培で成功できる!!
7
章

これからの農業

農業について考える

原始の時代、野山で食料を調達していた人類は、土を耕し種子を播き、食物を育て始めました。いつ食料が底をつくかもしれない不安定な生活から、備蓄した食料で生き延びられる生活へと進化を遂げたのです。

いきなり大きな話になりましたが、私たちの祖先が定住し、コミュニティを形成し、文明をはぐくむことができたのは農業によるものが大きいと思います。人が生きることと直結しているはずの農業が、今では農業人口も減り衰退に向かっている様は、どこかおかしいように思います。地方の山間部では後継者不足により耕作放棄地が激増。限界集落もかなりの数に上ります。農業が成立しなくなった地域のお年寄りたちは、山を下りて都会に住む家族のもとへ身を寄せるしかありません。

このような結果になった最大の理由は、農業と他の産業との所得格差が広がったからでしょう。「農業はきつくて儲からない」という現実が、農業離れを加速させているのです。

確かに農業は肉体的に厳しい仕事ですが、そこには喜びもあります。一粒の種子が、立派な野菜に成長する。「育てる」という作業は、本来人間にとって根源的な喜びをともなうものなのです。もしも労働に見合うだけの所得が保証されるなら、農業をやりたい人は、もっと増えることでしょう。しかし、家族でつつましく生活するのがやっとの収入で、朝早くから暗くなるまで農作業に明け暮れる生活は、人気がなくて当然かもしれません。

ずっと農業にかかわってきた私ですが、家族総出の現在の態勢で、たとえば年収が1千万にも満たないというのなら、現状のまま農業を続けることはしないでしょう。

おそらく「農業をやめる」ことは考えないと思いますが、「どうしたら同じ条件でもっと収入を確保できるか」を必死に考えるかもしれません。結局、始める前に考えるか、始めてから考えるかの違いですね。それなら始める前に、「どうしたら規模の小さい農業で、儲けることができるか」を徹底して考えるのが効率的だということでしょう。

一方で、「農業は儲からないけれど、充実感があればそれでいい」という考え方も、私は違うと思っています。奉仕活動として、週末に農作業を手伝うのと、仕事として農業に従事するのでは意味が違います。仕事である以上、労働に見合った対価を受け取りたいと考えるほうが自然でしょう。

また「農業は5年10年頑張って初めて結果が出る仕事」というのも違います。ひと通りの技術を身につけるまでの時間と、天候などの不運が重なったとして、たとえば2年間は思うように収入が得られないこともあるかもしれません。しかし10年頑張って自分一人が食べる分すら得られないのはおかしな話です。

農業に休みはありません。まさに年中無休です。私が子供の頃、農家の子供たちは家業を手伝い家を支えてきました。農繁期になれば学校はお手伝い休みになり、田植えや稲刈りは家族総出でかかったものです。そんな日本の豊かな農業が衰退に向かうと、日本の食はどうなるのでしょう。ハッキリしているのは、食料を輸入に頼るしかなくなることです。

食品の輸入に歯止めをかけようと、国は農家への補助金、支援金制度を立ち上げ、輸入農産物や加工品に関税をかけるといった保護政策を打ち立てています。しかし、農家を支援するための補助金は有効に使われているのでしょうか。

多額の負債を背負って倒産する農家が増加しているという結果を鑑みても、補助金の利用によって成功を収めているのは、一部の農家なのではないかという疑問がわいてきます。

このような結果になってしまった理由のひとつとして、「日本の農業」をすべてひとくくりにして考えてしまったことがあるように思います。日本は亜熱帯から亜寒帯まで気候の差が大きく、国土の多くは山間地です。それぞれの地域の地理的特性によって、農業のスタイルはまったく違います。であるのに、その地域に即した農産物や生産スタイルを確立できなかったことは、補助金利用の失敗、ひいては1次産業の衰退に大きくかかわっているのではないでしょうか。

未来に向けてどう発信すればいいのか

現代社会では「不便を取り除く」ビジネスが主流になってきています。家事一般はできるだけ機械に任せ、情報はパソコン頼み。ものを購入したり借りるときも、ネットや宅配を利用すれば、一歩も動かずに要件を済ますことができます。

食でいえば多くの人が外食・中食に依存する傾向。1人暮らしで料理は一切しない人も多いです。冷蔵庫を開けてみると、生鮮品はほとんどなし。この傾向は一家4人の家庭でも同じで、冷蔵庫の中身は大半が加工品、が当たり前です。

仕掛ける側にとっては、「便利を感じる」ところにビジネスチャンスあり。「口に近いところまで持って行く」というコスモファームの考え方と同じなのです。ただし、その方法論はまったく違います。大型のビジネスでは、コストを抑えるために加工品を中国やベトナムなどの海外で製造します。「これを加えて混ぜれば料理が一品でき上がり!」といった総菜のもとは増粘剤や添加物が使われています。コスモファームでは加工品を大量生産していませんし、できる限り保存料なども使用しないという考えで製造しています。無添加のほうがニッチというのも合点がいきませんが、大手食品会社にはできないやり方でビジネスを築いていくのが、小規模農家のスタイルになればいいのではないでしょうか。

地方で農業を続けるということ

都市型農業と地方の農業を比べると、圧倒的に都市型農業のほうが有利です。とにかく食べてくれる口がたくさんある。そしてその口が近い場所にある。東京を中心に考えれば、関東近郊はやはり有利でしょう。

しかし現代はインフラが整備され、地方と都市部の距離はかなり縮まってきました。宅配便は全国どこでも届きますし、インターネットの普及で情報に関していえば都市部と地方の差はほとんどありません。考えようによっては、販路さえ確保できれば地方の広大な土地や豊かな自然が財産になることもあるのです。たとえば伝統野菜にスポットを当てて、都市部では手に入らない品種を売りにすることもできます。その地域の特性を活かして、個性豊かな農産物を作ること。これは農家の自信につながるはずです。

アグリツーリズムと地方再生

「アグリツーリズム」とは、都市に住む人が農場や農村に泊まり、休暇を楽しみながら農業体験をすること。日本では「グリーンツーリズム」とも呼ばれています。

その地方の自然や文化、人々との交流、ふれあいを楽しむもので、日本では学校教育の一環として「農業体験」型の修学旅行などをきっかけに、注目が集まってきました。

直売所を通じた活動や、祭の参加、田植えや稲刈りといった農作業体験、農家民泊など、ひと口にアグリツーリズムといっても、内容は様々。多くの場合は複数のイベントに参加して体験や交流を楽しんでいます。発祥の地であるヨーロッパは、夏の休暇が長いため、アグリツーリズムといえば数週間からひと月単位での体験が一般的ですが、日本の場合は、せいぜい1週間が限界。休みが取れないなど参加者の都合もありますが、自治体や農家側の受け入れ態勢が整っていないことも一因です。

6章で登場した長崎の直売所「おおむら夢ファームシュシュ」は、日本でも数の少ない、アグリツーリズムの受け入れ態勢万全の直売所だといえるでしょう。

農業によって、廃れゆく地域を再生し活性化させる。考えただけでもワクワクします。地方で農業に携わる覚悟なら、最終目標は「民泊や農家レストランのある直売所を作ること！」くらいの大きな夢を見たいものです。そして実は、私自身が今、そんなプロジェクトに大きくかかわっています。

徳島プロジェクト

徳島といえば阿波踊りが有名ですが、徳島県人の気質はまさに阿波踊りに表現されているように感じます。「同じあほなら踊らにゃ損そん」。面白そうな企画があれば、とりあえずやってみましょうという積極的でノリのいい県民性なのです。

コスモファームの圃場がある香川は、同じ四国の隣同士にもかかわらず、まったくタイプが違います。慎重で保守的。石橋を叩いてやめてしまうのが香川の県民性かもしれません。土地が狭いのにもかかわらず、未だに多品目少量栽培を手がける農家がほとんどないところに気質がよく表れています。

そんな香川のお隣、徳島県三好市祖谷《いや》地区。平家の落人がここへ逃げ込み集落を作ったといわれる山間の地です。徳島県内でも特に過疎化が進んでおり、限界集落も多い土地でしたが、この場所にいま外国人が数多く足を運び、まさに「インバウンド（訪日外国人旅行者）によるアグリツーリズム」が繰り広げられているのです。

きっかけは、三好市に住む1人の外国人が、古民家ステイをプロデュースしたこと。この情報をもとに「日本の里山生活を体験したい」と訪れる外国人が急増。さらにそれをもとに祖谷の「まちづくり実行委員会」が発足したのです。

平成26年の調べによれば、三好市の主要ホテルに宿泊した外国人観光客は6千人超で、前年度の1・5倍。その多くが祖谷を目的にやってきた人たちだといいます。増えたのは外国人ばかりではありません。廃校になった学校を利用したカフェができると、他県や東京から、今度は日本人観光客も集まるようになりました。

ここに徳島県が主体となって、農家民泊や農業体験ができて、農家レストランもある直売所を作る。というプロジェクトが立ち上がったのです。このプロジェクトに、私も参加しています。２０１８年春のオープンに向けて、現在は商品の開発や、講演会、講習会

（講師）、ワークショップなどを行っています。

祖谷には伝統野菜の「祖谷イモ」（源平イモ）があり、先祖代々受け継がれてきましたが、ほとんどは集落の中で消費されてきました。面白いのは、急こう配の畑が続く祖谷で作られるイモは歯ごたえがあるのに、これを平地で栽培すると歯ごたえのないジャガイモになってしまうこと。現在はこの祖谷イモを活かしたレシピなども開発中です。

出会いのチャンスを見逃さない

徳島のプロジェクトのように、何らかの形で自分がかかわることのできそうな情報は、実は数多くあるものです。地方で新規に農業を始めるとなれば、その周辺の情報は必ずキャッチしたいですし、そこでのかかわりが、売り先やこれからの仕事の道しるべになることもあります。大切なのは、その情報の価値を見極めることです。実は大手企業の持ち込んだイベントで、農家にとっては何もメリットがない企画かもしれないし、有料のものかもしれません。トラブルに巻き込まれないためにも、地域の横のつながりと縦のつながりを強固にしておきましょう。

横のつながりは、同業者である農家とのつながり。縦のつながりは……間違えないでください、地元の実力者などではありません。自分に知識を与えてくれる農業の先輩です。できれば販路のことまで相談できる農業人ならいいのですが、なかなか難しいでしょうから、お金の話ではなく農業の相談に乗ってくれる先輩を見つけることです。もしも見つからないようでしたら、週末青山のマルシェに足を運んでください。私が直接相談に乗りましょう。

自分の栽培した作物を客観的に判断できる

ノウハウについてはこれまでにお伝えしましたので、最後に少し違う角度から、「これからの農業人に必要な感覚」についてお話しましょう。

「うちの野菜は、心を込めて作っているからおいしい」「無農薬だからおいしい」。そんなわが子自慢をする農家は多いものです。自分の栽培した農産物を愛するのは良いことですが、押し売りされれば周りは引くもの。

どんな商品を売る場合でも、評価するのは消費者。売り手は、自分の商品の魅力的をプレゼンテーションすればいいのです。ただ「おいしい」と言うだけではなく、「なぜおいしい」のか。品種選び、土作り、栽培管理など、自分が「おいしい」野菜を作るために取り組んでいることを相手に理解してもらえるように伝えることが大切です。その結果、消費者が実際に野菜を購入し、口にしたとき「あなたの作る野菜はおいしい！」と言わせることができれば合格。そこから販路が広がっていくのです。

人のものを認めて取り入れる

青山のマルシェに出店したばかりの頃、マルシェ全体の雰囲気は今のように和やかではありませんでした。特に農家同士、ライバル心を表に出す人もいました。

しかし、地道にマルシェへの出店を続けていると、コスモファームの野菜やブースのレイアウトに興味を持った同業者の方が声をかけてくれるようになってきたのです。「センスが良い」、「うちも真似をしてみたい」と、コスモファームの存在を認めてくれただけでなく、栽培や売り先の悩みなど、相談を受けることも多くなりました。

かれこれ7年。今も私設青空相談会は毎週末続いています。このようなお付き合いは、私にとっても相手にとっても情報交換の場になりますし、販路の開拓そして、人生の友にもつながります。

相手の良いところは良いと認めて、それを自分流に取り入れる。そんな柔軟さを持つ人は、農業だけでなくどんな世界でも生き抜いていけるのかもしれません。

異業種間交流ができる

農業以外の仕事についている人たちとの交流を持つ。これは意外と難しいことです。私個人はコンサルタントや野菜ソムリエ講師といった仕事があるので、目まぐるしいくらい様々な業種の方たちと会う生活をしています。しかし、圃場で作業をしている息子はといえば、なかなか異業種の人と知り合う機会はないのが実情です。

定期的にマルシェに参加して、お客さんとの交流を持つ。地域の人たちの集まる場所に顔を出すなど、意識して違う世界に人間関係を広めましょう。自分の野菜を使ってくれているレストランに出かけるのも大切です。どんなステキな料理になっているのか、実際に見て、味わうことで、次の品種選びの参考になるのです。

違う価値観、違う生活様式を知ることが、心のバランス感覚を磨くことにつながります。

デザイナー、フードコーディネーター的センス

多品目少量栽培に取り組む以上、自分の作る野菜をどうやったらよりおいしく食べられるか、常に考えなければなりません。

食べ方の知識はあるけれど、料理はしないもので……では困ります。家族任せにしないで、とにかく自分で野菜と向き合うこと。皮をむいたり切ったりする作業も重要です。思った以上に皮が硬い、食べられる部分が少ないなどの情報は、野菜のカタログを見ても書いてありません。実感してはじめて、お客さんにきちんと伝えることができるのです。

料理というよりも、もっと根源的に「食べること」に興味を持ちましょう。よりおいしく食べるにはどうすればいいか、食欲をそそる色どりは？　今どんな料理が流行っているのかなど、食に関するアンテナは常に受信できるよう張っておいてください。

自分ブランドを持て

ヨーロッパのブドウ農家は、自らのワイナリーを持ち、畑の個性を際立たせた会社とブランドを築き上げてきました。日本はこんなにも伝統のある国で、農業もヨーロッパに引けを取らない歴史があるにもかかわらず、個性を殺した共選共販というスタイルを進めてきたために、ヨーロッパとはまったく違う道を歩む結果となってしまいました。特にその犠牲となったのが小規模農家です。この流れに風穴を開けるのが、私は多品目少量栽培ではないかと自負しています。

農産物のクオリティにこだわり、「自分ブランドの農産物」を作ること。こだわり続ければ結果は必ず後からついてきます。「自分にはセンスがないから」などと口にしないでください。センスは磨くものです。そして情報は足で稼ぐもの。捨てたもの、誰も作らないものに価値がある。それがオリジナリティであり、「自分ブランド」なのです。

コスモファーム取り扱い野菜・果物　種類・品種リスト

科名	品目	品種	播種	定植	収穫
ナス科	ナス	クララ(白ナス)	1月下旬	4月中旬	6～10月
		白長ナス	1月下旬	4月中旬	6～10月
		リスターダデガンディア	1月下旬	4月中旬	6～10月
		ヒスイナス(緑)	1月下旬	4月中旬	6～10月
		フェアリーテイル(ゼブラ小型)	1月下旬	4月中旬	6～10月
		ヴィオレッタ	1月下旬	4月中旬	6～10月
		マグアポ(タイナス)	1月下旬	4月中旬	6～10月
		ふわとろナス	1月下旬	4月中旬	6～10月
		ロッサビアンコ	1月下旬	4月中旬	6～10月
		三豊ナス	1月下旬	4月中旬	6～10月
	トマト	アイコ(赤・黄色)	1月下旬	3月中旬	5～11月
		イエローミミ	1月下旬	3月中旬	5～11月
		グリーンミニ	1月下旬	3月中旬	5～11月
		ぷよぷよ	1月下旬	3月中旬	5～11月
		チョコレートチェリー	1月下旬	3月中旬	5～11月
		オレンジパルチェ	1月下旬	3月中旬	5～11月
		レッドオーレ	1月下旬	3月中旬	5～11月
		イエローオーレ	1月下旬	3月中旬	5～11月
		CF ネネ	1月下旬	3月中旬	5～11月
		グリーンゼブラ	1月下旬	3月中旬	5～11月
		レッドゼブラ	1月下旬	3月中旬	5～11月
		サンマルツァーノ	1月下旬	3月中旬	5～11月
	ピーマン類	万願寺トウガラシ	1月下旬	4月中旬	6～10月
		伏見甘長トウガラシ	1月下旬	4月中旬	6～10月
		バナナピーマン(緑・白・黄・オレンジ・赤)	1月下旬	4月中旬	6～10月

科名	品目	品種	播種	定植	収穫
ナス科	ピーマン類	ホルンピーマン	1月下旬	4月中旬	6～10月
		ミニパプリカ(白・黄・オレンジ・赤)	1月下旬	3月下旬	5～11月
	ジャガイモ	レッドムーン		2月下旬	6月中旬
		ドラゴンレッド(西海31号)		2月下旬	6月中旬
		グランドペチカ		2月下旬	6月中旬
		インカのめざめ		2月下旬	6月中旬
		インカルージュ		2月下旬	6月中旬
		インカのひとみ		2月下旬	6月中旬
		レッドカリスマ		2月下旬	6月中旬
		シャドークイーン		2月下旬	6月中旬
		はるか		2月下旬	6月中旬
		シェリー		2月下旬	6月中旬
		ノーザンルビー		2月下旬	6月中旬
		ジョアンナ		2月下旬	6月中旬
		ジャガキッズレッド		2月下旬	6月中旬
		ジャガキッズパープル		2月下旬	6月中旬
		アンデスレッド		2月下旬	6月中旬
		デジマ		2月下旬	6月中旬
		タワラムラサキ		2月下旬	6月中旬
		ベニアカリ		2月下旬	6月中旬
		タワラヨーデル		2月下旬	6月中旬
		あかね風		2月下旬	6月中旬
		早生シロ		2月下旬	6月中旬
		ピルカ		2月下旬	6月中旬
		ディンキー		2月下旬	6月中旬
		キタアカリ		2月下旬	6月中旬

科名	品目	品種	播種	定植	収穫
ナス科	ジャガイモ	とうや	2月下旬		6月中旬
		十勝こがね	2月下旬		6月中旬
		さやか	2月下旬		6月中旬
		チェルシー	2月下旬		6月中旬
		シンシア	2月下旬		6月中旬
		源平イモ	2月下旬		6月中旬
ウリ科	カボチャ	バターナッツ	3月下旬	4月下旬	6月中旬〜
		そうめんカボチャ	3月中旬	4月下旬	7月〜
		金糸瓜	3月中旬	4月下旬	6月中旬〜
		ロロン	3月中旬	4月下旬	7月〜
		宿儺カボチャ	3月中旬	4月下旬	7月〜
		コリンキー	3月中旬	4月下旬	7月〜
		坊ちゃん(緑・赤)	3月中旬	4月下旬	7月〜
	ズッキーニ	丸ズッキーニ(緑・黄色)	3月中旬	4月下旬	5月中旬〜
		ダイナー（緑・黄色)	3月中旬	4月下旬	5月中旬〜
		UFO ズッキーニ(緑・黄色)	3月中旬	4月下旬	5月中旬〜
		フレンチズッキーニ	3月中旬	4月下旬	5月中旬〜
		トロンボンチーノ	3月中旬	4月下旬	5月中旬〜
	ゴーヤ	白ゴーヤ	3月中旬	4月下旬	6月上旬〜
		ゴーヤ	3月中旬	4月下旬	6月上旬〜
	キュウリ	ラリーノ(ミニキュウリ)	3月中旬	4月下旬	6月上旬〜
		アップルキュウリ	3月中旬	4月下旬	6月上旬〜
		ローマキュウリ	3月中旬	4月下旬	6月上旬〜
		四葉キュウリ	3月中旬	4月下旬	6月上旬〜
		鈴成四葉	3月中旬	4月下旬	6月上旬〜
		ヘビ瓜	3月中旬	4月下旬	6月上旬〜

科名	品目	品種	播種	定植	収穫
ウリ科	トウガン	ミニ冬瓜	3月中旬	4月下旬	7月中旬～
ヒルガオ科	ナツマイモ	坂出金時		5月挿し芽	8月早採り
		パープルスイートロード		5月挿し芽	8月早採り
		安納芋		5月挿し芽	8月早採り
		紫芋		5月挿し芽	8月早採り
		紅こまち		5月挿し芽	8月早採り
		シルクスイート		5月挿し芽	8月早採り
	クウシンサイ	クウシンサイ	4月上旬		6月～
セリ科	ニンジン	パープルハーモニー	8月下旬		10～3月
			3月上旬		5月中旬～
		ホワイトハーモニー	8月下旬		10～3月
			3月上旬		5月中旬～
		オレンジハーモニー	8月下旬		10～3月
			3月上旬		5月中旬～
		イエローハーモニー	8月下旬		10～3月
			3月上旬		5月中旬～
		クリームハーモニー	8月下旬		10～3月
			3月上旬		5月中旬～
		金美ニンジン	8月下旬		12～2月
		金時ニンジン	8月下旬		12～2月
		ピッコロニンジン	8月下旬		12～2月
		葉ニンジン	8月下旬		10月～
			3月上旬		4月中旬～
		ベーターリッチ	8月下旬		12～2月
		ひとみ5寸	8月下旬		12～2月

科名	品目	品種	播種	定植	収穫
キク科	レタス	ピンクロッサ	8月下旬	9月〜	10〜6月
		ロロロッサ	8月下旬	9月〜	10〜6月
		モッズストーン	8月下旬	9月〜	10〜6月
		アメリカンオークレタス	8月下旬	9月〜	10〜6月
		レッドロメインレタス	8月下旬	9月〜	10〜6月
		トレビス	8月下旬	9月〜	10〜6月
		トレビーゾ	8月下旬	9月〜	10〜6月
		シュンギク	8月下旬	9月〜	10〜3月
		シュンギクの花	8月下旬		4〜5月
		葉ゴボウ	9月中旬		1〜3月
		新ゴボウ	3月		6月
		アーティチョーク	2月	5月	翌年6月
		プンタレッラ	8月下旬	10月	12〜2月下旬
アオイ科	オクラ	丸オクラ(緑・赤)	4月中旬		6月下〜10中旬
		スターオブデービッド	4月中旬		6月下〜10中旬
アブラナ科	ダイコン	黒丸ダイコン	8月下旬		10〜2月
		黒長ダイコン	8月下旬		10〜2月
		紅芯ダイコン	8月下旬		10〜2月
		紅しぐれダイコン	8月下旬		12〜2月
		ビタミンダイコン	8月下旬		12〜2月
		紅くるりダイコン	8月下旬		12〜2月
		ネズミダイコン	8月下旬		12〜2月
		聖護院ダイコン	8月下旬		12〜2月
		ラデッシュ	随時		周年
ユリ科	アスパラガス	さぬきのめざめ	3月中旬		4〜6月中旬

科名	品目	品種	播種	定植	収穫
アブラナ科	ダイコン	葉ダイコン	随時		周年
		ダイコンの菜花	8月下旬		3～5月
	キャベツ・ブロッコリー等	芽キャベツ	8月上旬	10月上旬	11～3月
		カーボロネロ	8月上旬	10月上旬	11～3月
			3月上旬	4月上旬	4～7月
		ケール(緑・紫)	3月上旬	4月	4～7月
			8月上旬	10月	11～3月
		レッドキャベツ	8月上旬	10月	1～2月
		甘玉キャベツ	8月上旬	10月	1～2月
		サボイキャベツ	8月上旬	10月	12～3月
	ブロッコリー・カリフラワー	ステックセニョール	8月上旬	10月	12～3月
			3月上旬	4月	5月中旬～
		カリフラワー(白・オレンジ・紫)	8月上旬	10月	12～3月
		ロマネスコ	8月上旬	10月	12～3月
	葉物・他	コールラビ(緑・紫)	8月上旬	10月	11月～
			3月上旬	4月	5月中旬～
		コウタイサイ	8月上旬	3月	4月～
			3月上旬	10月	11月～
		オータムポエム	8月上旬	4月	5月～
			8月上旬	10月	11月～
		赤ミズナ	8月上旬	9月	10月～
		ルッコラ	8月上旬	9月	10月～
		ザーサイ	8月上旬	9月	10月～
		ツボミナ(アーサイ)	8月上旬	9月	10月～
		マンバ	8月下旬	9月下旬	11月～
		ナバナ	10月中旬		2～5月

科名	品目	品種	播種	定植	収穫
アブラナ科	カブ	黄カブ	9月		10～3月
		あやめ雪	9月		10～3月
		金町小カブ	9月		10～3月
		中カブ	9月		10～3月
		モモノスケ	9月		10～3月
		大カブ	9月		11月中旬～
		赤カブ	9月		10～3月
		各種カブの菜花	9月		3～4月
ヒガンバナ科	タマネギ	赤玉ネギ	9月下旬	11月	6月～
		葉タマネギ	9月下旬	11月	3月中旬～
	ポアロー	リーキ	3月下旬	7月下旬	11月下～1月
		ポアロージェンヌ			10月中旬～
	ニンニク	ニンニク	9月下旬		5月
		葉ニンニク	9月下旬		10月中旬～
		エシャレット	9月上旬		5月～6月
	葉ネギ	ワケギ		9月	3月中～4月
マメ科	ソラマメ	ファーベ	11月		5月中旬
	黒マメ	丹波の黒豆	5月		10月
	インゲン	つるなしインゲン	4月	5月	6～7月
		つるありインゲン	4月	5月	6～8月
		甲子豆			通年
		紫インゲン	4月	5月	6～8月
		斑インゲン	4月	5月	6～8月
		四角豆	4月	5月	7月中旬～10月
	ラッカセイ	おおまさり	5月中旬		10～11月
		千葉半立ち	5月中旬		10～11月

科名	品目	品種	播種	定植	収穫
ヒユ科	ホウレンソウ	スイスチャード	随時	随時	通年
		日本ホウレンソウ	10月		11～3月
		ルバーブ	2月		9月～
	ビーツ	デトロイト	10月		1月～
			2月	4月	7月～
		ゴールデンビーツ	10月		1月～
			2月	4月	7月～
		渦巻きビーツ	10月		1月～
			2月	4月	7月～
イネ科	スイートコーン	ヤングコーン	4月中旬		6月
		ピュアホワイト	4月中旬		6月中旬
		おひさまコーン	4月中旬		6月中旬
	ハーブ	バジル	2月中旬	4月下旬	5月中旬～
		ダークオパールバジル	2月中旬	4月下旬	5月～
		ブッシュバジル	2月中旬	4月下旬	5月～
		ホーリーバジル	2月中旬	4月下旬	5月～
		ミント			周年
		スペアミント			周年
		アップルミント			周年
		グレープフルーツミント			周年
		ローズマリー			周年
		タイム			周年
		セージ			周年
		パクチー	3月中旬	4月下旬	5月～
		フェンネル	2月中旬	4月下旬	5月～
		ディル	2月中旬	4月下旬	5月～
		イタリアンパセリ	2月中旬	4月上旬	5月～

科名	品目	品種	播種	定植	収穫
	ハーブ	ナスタチューム			周年
		各種ハーブの花			周年
ハマミズナ科	アイスプラント	各品種	2月		5月～
ヤマノイモ科	エアーポテト	各品種	5月中旬		12月
ツルムラサキ科	アグレッティ	各品種	3月中旬		5月上旬～
	ツルムラサキ	緑・紫	4月下旬	6月	8～10月
シナノキ科	モロヘイヤ	各品種	4月中旬	5月下旬	7～10月
ウコギ科	サンショウ	各品種			周年
ミカン科	カンキツ	レモン(グリーン・黄色)			8～6月
		ライム(グリーン・黄色)			8～6月
		早生ミカン			10～11月
		中生ミカン			12月
		晩生ミカン			12～3月
		清見オレンジ			12～3月
		デコポン			12～3月
		ハッサク			3～4月
		アマナツ			4～5月
		ユズ			9～3月
ツツジ科	ブルーベリー	各品種			6～9月
ヤマモモ科	ヤマモモ	各品種			6月中旬
モクセイ科	オリーブ	各品種			10月下旬～

＊コスモファームでは、地域の農家と連携し販売している品目もあります。
＊リストの商品は、作付計画によって栽培されないものもあります。

あとがき

「種子を播かなければ芽も出ない！　播かない者は反省もできない！」

常々私が口にしている言葉です。

農業は自然との共存の産業です。米であれば1年に1回、野菜も1年で数回、果物にいたっては植樹から収穫まで数年もかかります。この間に自然災害があれば、農業経営は成り立ちません。ここ数年、地球規模で気候変化が激しくなり日本各地で今までにない自然災害が発生しています。昔からずっと同じスタイルの生産方法では、もはや農業はできなくなってきているのかもしれません。

田畑があればいつでも種子を播くことができます。ラディッシュやコマツナならば、播種から1ヵ月で収穫できます。毎日種子を播けば、毎日収穫ができるわけです。播かない者はその農産物の不出来の会話にも入れないわけです。

1年中ラディッシュやコマツナを出荷する農業も大切です。しかし、自分の育てた野菜が誰の口に入るのか考えたことがある農家は少ないでしょう。市場出荷をしていると、いつの間にか形を揃え長さや色目を気にして、市場が求める農産物を目指すことになります。

農業者全員が市場出荷で食べられている時代は終わりました。勝ち組と負け組がはっきりしてきたことは、農業就業者人口の減少を見ただけでも明らかです。

食の世界は「グローバル化」という名の下に世界中から様々な農産物が輸入され中食、外食産業を支えています。日本の農業も農業基本法を機に生産性向上のために単一品目の生産に力を入れてきましたが、食糧管理制度の廃止にともない安定農業の基盤が崩れてしまいました。

農業で自立するのは大変なことです。栽培技術、病害虫・災害対策など、経験の積み重ねにより習得するものだからです。

ここで面白いのがご紹介した「多品目少量栽培」です。多品目栽培をすることで、1年中出荷バラエティに富んだ農作物を出荷・販売することができます。最近では日本各地に「農産物直売所」が開設され、販路の受け皿も増えてきました。

ただし、みんなが同じ農作物を作ったのでは足の引っ張り合いになるので品種を変えましょう。耐病総太りダイコンだけでなく赤いダイコンや黒いダイコンも栽培しましょう。少しずつ品種を変えて作るのがポイントです。

そして、栽培だけでなく、食べ方や栄養価などを消費者に説明できるようになりましょう。販路拡大に繋がります。農業は作ることも重要ですが販路も大切です。どこに何をどのように販売するかで、農業スタイルは大きく変わってきます。まずは直売所、そしてマルシェにと積極的に販路を拡大していきましょう。

この本でご紹介した農法は新規就農者や小さな耕作面積の中山間地農業にも向いてい

ます。また、できた農産物を無駄にしないためにも農産加工の方法もご紹介してきました。加工品は農産物に付加価値をつけることができるのです。

この本を出版するにあたり多くの方々のご協力をいただきました。特に野菜料理研究家の牛原琴愛さんには、新顔野菜のレシピを紹介していただいています。また、毎月開催の「野菜の魅力を知るセミナー」では（一財）都市農山漁村交流活性化機構の方々、キッチンスタジオをお借りし調理機材や技術提供を頂いているホシザキ東京株式会社の皆さん、直売所では長崎のおおむら夢ファームシュシュ、マルシェでは青山ファーマーズマーケットのスタッフの皆さんには大変お世話になり感謝しています。

中村敏樹

著者

中村敏樹（なかむら・としき）

1956年生まれ。長野県上田市出身。香川大学農学部園芸学科卒業後、農業指導員を経て農業コンサルタント・農業プロデューサーとなる。日本野菜ソムリエ講師、都市農山漁村交流活性化機構アドバイザー等。コンサルタント業務のかたわら、トマト・オクラなど野菜栽培・出荷を行う。2009年より（有）コスモファームにて多品目少量栽培に取り組む。

レシピ・写真提供

牛原琴愛（うしはら・ことえ）

東京都出身。料理研究家、野菜ソムリエ、パンアドバイザー。家族の健康管理を目標に、野菜を中心としたレシピ作りを始める。「旬」の食材を食べることの大切さを伝えるための料理教室を主宰。

本文・カバーレイアウト／小野口広子（ベランダ）　古賀亜矢子　杉本ひかり　望月佐榮子　丸山智子（ワンダフル）
編集協力／古田久仁子
　　　　　戸村悦子
写真提供／白石ちえこ
　　　　　一般財団法人都市農山漁村交流活性化機構
　　　　　有限会社コスモファーム

多《た》品目《ひんもく》少量《しょうりょう》栽培《さいばい》で成功《せいこう》できる!!
小《ちい》さな農業《のうぎょう》の稼《かせ》ぎ方《かた》
栽培《さいばい》技術《ぎじゅつ》と販売《はんばい》テクニック

2017年9月15日　発　行　　　　NDC 626
2023年4月　3日　第4刷

著　者　中村敏樹《なかむらとしき》
発行者　小川雄一
発行所　株式会社　誠文堂新光社
　　　　〒113-0033　東京都文京区本郷3-3-11
　　　　電話 03-5800-5780
　　　　URL https://www.seibundo-shinkosha.net/
印　刷　星野精版印刷　株式会社
製　本　和光堂　株式会社

ISBN978-4-416-61726-7